FPGA
设计简明教程

赵延宾 编著

人民邮电出版社

北 京

图书在版编目（CIP）数据

FPGA 设计简明教程 / 赵延宾编著. -- 北京：人民
邮电出版社，2025. -- ISBN 978-7-115-67100-4

Ⅰ. TP331.2

中国国家版本馆 CIP 数据核字第 2025WB5112 号

内 容 提 要

现场可编程门阵列（Field Programmable Gate Array，FPGA）是一种以数字电路为核心的集成芯片，它属于可编程逻辑器件（Programmable Logic Device，PLD）的范畴。FPGA 凭借卓越的灵活性、可重构性以及在众多应用领域的广泛应用，在现代电子系统中日益重要。

本书共 8 章，内容包括 Verilog HDL 基础语法、FPGA 在驱动 LED 显示效果中的应用、PWM 信号发生器的设计、蜂鸣器的驱动技术、七段数码管的显示技术、温度传感器数据的读取、串口调试系统的构建、LCD/OLED 显示模组的驱动以及电压计的实现等实用技能。书中特别强调模块化设计方法和功能仿真在 FPGA 设计过程中的关键作用，并以小脚丫 MAX10 核心板为例，对所有程序进行验证。

本书内容充实且实用价值高，包含多种案例分析，既适合作为高等院校 FPGA 设计课程的教材，也适用于与集成电路和 FPGA 相关的培训课程。对 FPGA 领域的专业人士来说，本书也极具参考价值。

◆ 编　著　赵延宾
责任编辑　李永涛
责任印制　王　郁　胡　南
◆ 人民邮电出版社出版发行　　北京市丰台区成寿寺路 11 号
邮编　100164　　电子邮件　315@ptpress.com.cn
网址　https://www.ptpress.com.cn
涿州市般润文化传播有限公司印刷
◆ 开本：700×1000　1/16
印张：14.5　　　　　　　2025 年 8 月第 1 版
字数：234 千字　　　　　2025 年 8 月河北第 1 次印刷

定价：79.90 元

读者服务热线：(010)81055410　印装质量热线：(010)81055316
反盗版热线：(010)81055315

序

几年前，因业务缘由结识了赵延宾老师。数次接触，皆相谈甚欢，颇有相见恨晚之感。赵延宾老师是在FPGA领域深耕多年的专家，曾在FPGA原厂、供应商以及设计公司任职，成绩斐然，对FPGA行业有着深刻的认识。

FPGA在半导体领域一直独具特色。虽产业规模并不庞大，但在各个行业中不可或缺。FPGA的诞生旨在提高数字电路设计的效率，在整个半导体行业中属于较为高端的环节。在现代电子设计，尤其是硬件设计中，FPGA更是不可或缺的工具。如今，随着数字电路设计难度逐渐降低，一些厂家和第三方平台提供了丰富的系统级方案，而FPGA的逻辑设计能力正是体现设计水平之处。掌握设计FPGA的能力，能为自身产品设计带来更多可能。

在初学者眼中，FPGA设计难度较大、门槛较高。得知赵延宾老师计划编写一本面向入门读者的FPGA图书，我深感欣喜，同时由衷钦佩。为推广FPGA的应用，我们也进行了诸多尝试，"小脚丫"便是成果之一。小脚丫FPGA的设计初衷是降低FPGA的学习门槛，秉持极简设计理念，让初学者专注于逻辑设计方面，以最简单的方式踏入FPGA的世界。为此，我们在小脚丫官网开源了多种FPGA学习板的硬件设计，并针对这些学习板提供了众多简单教程，如LED流程灯、呼吸灯、数码管显示驱动、交通灯演示等。每个教程皆介绍了学习板对应的硬件资源情况，并提供了FPGA源代码，用户可直接用这些代码进行编译，并在对应的学习板上使用。此外，我们还提供了在线编译工具，让用户在浏览器端即可进行FPGA设计，极大地简化了FPGA设计流程。

本书基于小脚丫的MAX10核心板，是对小脚丫官网教程的有效补充与扩展。为便于读者更好地理解，赵延宾老师将全部代码重新编写，并把全部工程共享至小脚丫官网。对于有兴趣或有志进入FPGA领域的初学者，此书是极佳选择。通过阅读本书，读者会发现FPGA并非高不可攀的技术。归根结底，它只是一个工具。而对于硬件工程师，FPGA犹如一个宝藏，能够神奇地设计出你想构建的硬件。FPGA涉及诸多方面的知识，可应用于几乎所有行业，读者跨过门槛之后，将进入一个更为丰富多彩的世界。

把一个技术问题用简单的语言讲述出来并非易事，创作一本书更需耗费诸多心血。相信赵延宾老师基于多年产业经验编写的这本书能为读者带来丰富的收获。

吴志军

苏州思得普信息科技有限公司

前言

由于工作的需要，笔者自己也偶尔会用 MCU（Microcontroller Unit，微控制单元）进行项目开发。即使在 FPGA 方面已有很多年的应用和设计经验，但在面对 MCU 开发时，笔者依然有种无从下手的感觉。有些项目是硬件设计人员已经设计好了硬件，只需要进行软件代码的设计开发；而有些项目则需要从芯片选型开始，此时，第一个问题就是，在众多的 MCU 芯片中，应该选择哪一个器件呢？

MCU 的发展，可以追溯到英特尔推出的 4004。经过几十年的发展，MCU 架构经历了多次飞跃，除了传统的 8051、MIPS 架构，ARM、RISV-V 以及一些厂家自研的架构也得到了广泛应用。在 MCU 的发展过程中，参与这一行业的企业数不胜数，现在可以使用的 MCU 器件用浩如烟海来形容也不为过。选择一个适合自己应用的 MCU，并不是一件简单的事情。

熟悉 FPGA 的人都知道，不同厂家的 FPGA 必须在各自指定的集成开发环境（Integrated Development Environment，IDE）中进行设计开发。MCU 的开发情况类似，后来才出现了 Keil 这样的第三方集成开发环境。复杂的开发环境让初学者对 MCU 开发过程难以理解，不像在课堂上学习 C 语言那样，通过计算机的编译环境就能看到 "Hello World" 的直观输出结果。不管是 MCU 厂家提供的专用集成开发环境，还是像 Keil 这样的第三方集成开发环境，对初学者来说都是一个不小的挑战。

近年来，MCU 的发展似乎比 FPGA 更快。许多人都有一个共识，就是 FPGA 虽功能强大，但价格昂贵；MCU 亲民，价格便宜。FPGA 的高成本是 FPGA 的器件架构所决定的。FPGA 最初是为了满足不同场景的应用需要，把各种功能以查找表为基本功能单元放在芯片内部，在不同的应用中改变各个查找表的功能以及全部查找表之间的电气连接。这种灵活性必然会带来底层硬件单元的冗余，从而造成成本的提高。某一个行业使用 FPGA 的器件数量达到一定程度后，将被 ASIC（Application Specific Integrated Circuit，专用集成电路）所取代，其本质就是去掉器件中被浪费掉的底层冗余硬件。目前，构建ASIC最快的方式是采用SoC（System on Chip，单片系统）架构，用一个MCU作为主控器件，控制一系列的硬件功能单元。我国台湾省的电子产业发展表明这种方式十分成功。现在台式计算机、笔记本电脑中几乎都少不了这样一类器件：SuperIO。其本质就是用一个MCU控制CPU（Central Processing Unit，中央处理器）的一些外设，例如串口、并口、键盘、鼠标、风扇等，还可以检测芯片、主板的电压、工作温度等。还有其他很多行业使用与SuperIO类似的方案，进一步推动了MCU的快速发展。

在集成硬核方面，FPGA与MCU都向着集成越来越多硬核的方向发展。FPGA内集成的几乎都是针对接口需要很高速度的硬核，比如几乎成为中高端FPGA标配的SERDES以及GE、PCIe、HDMI等硬核。而在MCU中，常见的是I^2C、SPI、串口等这些低速应用的硬核。尽管这些硬核看似简单，但它们都是各种应用中更常用的功能模块。对于这些硬核，MCU厂家通常做好了相应的底层驱动设计。使用这些硬核，就像调用系统函数一样简单。

那么，能不能借鉴MCU的发展方式，把FPGA能实现的一些基本功能固化，从而让FPGA的入门变得更加容易？当笔者与小脚丫的团队进行交流时，发现他们也有类似的想法，并且已经进行了实践，比如他们的官方网站提供了很多开源的FPGA项目。一些项目不仅将设计源代码进行开源，还把对应的硬件平台进行了开源。

因此，我们希望结合小脚丫的FPGA核心板，向初学者提供一些FPGA设计中常用的功能模块设计。通过对这些简单功能的设计进行介绍，让初学者得到"FPGA到底能帮我做什么"这个问题的答案：用FPGA能够驱动LED实现各种显示效果，能够驱动喇叭播放一段乐曲，能从一个温度传感器读取温度值并把相关信息显示到LCD显示模组上等。这些底层模块与具体的FPGA器件无关，可以方便地移植到各种平台，便于在后续实际的项目开发中直接使用。

随着技术的发展和集成度的提高，FPGA在通信系统、视频图像处理、高速接口信号处理、人工智能等领域都得到了很广泛的应用。越来越多的人进入FPGA开发、应用领域，现在已经有很多对FPGA进行系统介绍的图书，不仅对FPGA的发展历史进行介绍，还对FPGA中的一些关键技术进行深入说明，并对特定FPGA器件的结构、开发环境、开发流程、应用场景等进行探讨。然而，对初学者来说，其中很多不一定适用。

本书旨在让FPGA初学者用尽量少的时间对FPGA的应用场景产生直观的理解，并用尽量简洁的语言说明如何使用FPGA满足设计需求。希望读者在读完本书后的想法是"原来FPGA这么简单"。

本书以小脚丫的MAX10核心板为基础，向FPGA初学者介绍FPGA设计的基本概念。本书共8章，各章内容简要介绍如下。

- 第1章介绍Verilog HDL的基础语法，并对一些常用的功能模块进行建模，这些模块可以用在实际的项目开发中。

- 第2章介绍用MAX10核心板上的LED实现各种显示效果，包括点亮LED，让LED闪烁，实现流水灯、呼吸灯效果等。LED灯的驱动可以归为PWM信号的产生，因此本章提供一个简单的任意占空比PWM信号发生器的设计。

- 第3章介绍如何用MAX10核心板驱动底板上的蜂鸣器，并通过解决蜂鸣器循环播放过程中的故障来说明FPGA设计过程中功能仿真的重要性。蜂鸣器的驱动也可归为PWM信号的产生，本章将用状态机的方式设计实现一个应用更广泛的PWM信号发生器，并说明模块规格的定义对模块设计的重要性。

- 第4章介绍如何让MAX10核心板上的2位七段数码管显示指定内容，并介绍字库、BCD码的基本概念，以及如何通过左移加3法将二进制数转换为8421BCD码。

- 第5章介绍如何利用FPGA从温度传感器DS18B20读取温度值，并用七段数码管显示，让FPGA初学者掌握层次化的设计思想，并了解把芯片手册的内容转化为模块设计规格的基本技巧。

- 第6章介绍串口的概念与UART，以及如何利用MAX10核心板实现与PC（Personal Computer，个人计算机）端串口调试软件的数据传输，让读者更加了解如何在实际项目中进行层次化设计和模块化设计。

- 第7章介绍如何使用MAX10核心板点亮一个OLED显示模组以及一个SPI发送模块的设计。

- 第8章简要介绍FPGA与ADC、DAC相关的应用，用FPGA从ADS7868读取电位计的电压，并用七段数码管、OLED屏显示，实现一个简单的电压计的应用。此外，本章还介绍如何设计SPI的接收模块，与第7章共同完成一个SPI收发模块的设计。

当然，FPGA的应用远不止这些。比如可以用MAX10核心板实现一个任意波形发生器，并用OLED显示模组显示获得的波形，从而实现一个简易示波器的设计。在FPGA的应用中经常会遇到一些复杂的问题，比如需要考虑严格的时序约束、需要进行面积优化（资源利用率优化）、需要考虑异步系统间的同步等，由于本书是针对初学者的，因此并没有对这些问题进行介绍。FPGA初学者可以把本书当作入门FPGA的教程，如果把书中的各个案例在对应的FPGA开发板上都操作一遍，一定能够掌握FPGA入门所必需的知识与设计技巧。已经有一定FPGA基础的读者可以把本书当作FPGA项目的参考资料，本书使用的层次化、模块化的设计方法，也是笔者多年在FPGA应用和项目开发中坚持使用的。

希望本书能对希望学习FPGA开发的人有所帮助。由于笔者水平有限，书中难免出现疏漏，希望读者批评斧正。

赵延宾

2025年1月

资源与支持

资源获取

本书提供如下资源。

- 本书思维导图。
- 本书实例的素材文件、结果文件。
- 异步社区7天VIP会员。

要获得以上资源，您可以扫描下方二维码，根据指引领取。

提交勘误

作者和编辑尽最大努力来确保书中内容的准确性，但难免存在疏漏。欢迎您将发现的问题反馈给我们，帮助我们提升图书的质量。

当您发现错误时，请登录异步社区（https://www.epubit.com），按书名搜索，进入本书页面，单击"发表勘误"，输入勘误信息，单击"提交勘误"按钮即可（见下图）。本书的作者和编辑会对您提交的勘误进行审核，确认并接受后，您将获赠异步社区的100积分。积分可用于在异步社区兑换优惠券、样书或奖品。

与我们联系

我们的联系邮箱是 liyongtao@ptpress.com.cn。

如果您对本书有任何疑问或建议，请您发邮件给我们，并请在邮件标题中注明本书书名，以便我们更高效地做出反馈。

如果您有兴趣出版图书、录制教学视频，或者参与图书翻译、技术审校等工作，可以发邮件给我们。

如果您所在的学校、培训机构或企业想批量购买本书或异步社区出版的其他图书，也可以发邮件给我们。

如果您在网上发现有针对异步社区出品图书的各种形式的盗版行为，包括对图书全部或部分内容的非授权传播，请您将怀疑有侵权行为的链接通过邮件发送给我们。您的这一举动是对作者权益的保护，也是我们持续为您提供有价值的内容的动力之源。

关于异步社区和异步图书

"异步社区"（www.epubit.com）是由人民邮电出版社创办的 IT 专业图书社区，于 2015 年 8 月上线运营，致力于优质内容的出版和分享，为读者提供高品质的学习内容，为作译者提供专业的出版服务，实现作译者与读者的在线交流互动，以及传统出版与数字出版的融合发展。

"异步图书"是异步社区策划出版的精品 IT 图书的品牌，依托于人民邮电出版社在计算机图书领域 40 多年的发展与积淀。异步图书面向 IT 行业以及各行业使用 IT 的用户。

目录

第5章 单总线温度传感器 123

第6章 UART 串口 169

第 7 章　用 FPGA 点亮显示屏 193

第 8 章　ADC 和 DAC 221

第 1 章

Verilog HDL 语法简介

1.1 Verilog HDL 中基本的模块结构

　　1995年，IEEE（Institute of Electrical and Electronics Engineers，电气电子工程师学会）正式颁布 IEEE 1364-1995 标准，标志着 Verilog HDL 首个国际标准（即 Verilog-1995）的诞生。随后，该标准在 2001 年和 2005 年分别经历了修订，形成了 Verilog-2001 标准（IEEE 1364-2001）和 Verilog-2005 标准（IEEE 1364-2005）。尽管版本更迭，但各个版本的基本语法保持着高度的一致性。代码 1-1 展示了 Verilog HDL 中基本的模块结构。

代码 1-1：Verilog HDL 中基本的模块结构示例

```
module led_on  (
    output wire led_out
    );

assign led_out = 1'b0 ;

endmodule
```

　　一个 Verilog HDL 模块包含以下基本要素。

　　（1）以关键字 module 开始，以关键字 endmodule 结束。

　　（2）关键字 module 后面紧跟模块的名称。代码 1-1 中，模块名为 led_on。

　　（3）模块名称之后是模块端口列表，用半角圆括号"()"括起，并在括号外以半角分号";"结束。有些模块不需要端口列表，如测试平台模块，这时在模块名称后直接以半角分号结束。

在模块端口列表中，若存在多个信号，它们之间以半角逗号","进行分隔，最后一个信号后不再添加半角逗号。在代码1-1中，由于只有一个端口信号，因此没有添加半角逗号。

（4）端口列表后是模块的主体部分，在这里使用Verilog HDL规定的语句完成逻辑功能的建模。

Verilog HDL是一种具有层次性的硬件描述语言，它能够用于描述从基础的逻辑门到复杂的数字系统。在传统的高级程序设计语言中，层次结构通常是通过模块调用来构建的。在Verilog HDL中，这一过程被称为例化（Instantiation）。由于Verilog HDL专注于硬件描述，因此例化一词不仅表示调用模块，还蕴含了将特定功能模块具体化或实例化的概念。

为了更清晰地说明问题，我们将代码1-1设计得复杂一些，参考代码1-2，并在代码1-3中例化它。代码1-3是代码1-2中描述的硬件模块led_on的测试平台模块。

代码1-2：将led_on加入输入控制信号

```
module led_on
    (
output wire led1_out,
output wire led2_out,
input wire SW1_2
);

  assign led1_out = 1'0  ;
  assign led2_out = SW1_2 ;

endmodule
```

代码1-3：硬件模块led_on的测试平台模块

```
module tb_led ;

  wire led1 ;
  wire led2 ;
  reg sw_in = 0 ;

  // 例化led_on模块
```

```
led_on led_en_inst0
 (
 /*output wire */.led1_out ( led1 ) ,
 /*output wire */.led2_out ( led2 ) ,
 /*input wire */.SW1_2   ( sw_in )
 );

 initial begin
   #5 sw_in = 1 ;
   #25 sw_in = 0 ;
   #65 sw_in = 1 ;
 end

endmodule
```

图1-1更直观地说明了这种例化关系。

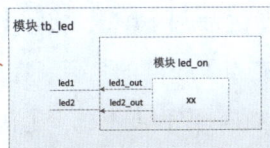

图 1-1

在tb_led模块中例化led_on模块，相当于在对应位置使用led_on模块中的设计
内容。

1.2 Verilog HDL 基础语法

作为一门高级程序设计语言，Verilog HDL包含的内容也很丰富。本书不深入探讨其内容，仅为了方便后续介绍，对Verilog HDL基础语法进行概述。

1.2.1 注释

在Verilog HDL中，注释分为两种类型：单行注释和多行注释。

- 单行注释：从"//"符号开始直到该行末尾的所有内容均为注释内容。
- 多行注释：被"/*"和"*/"符号所包围的内容均为注释内容。

1.2.2 变量和数据类型

变量（包括常量）和数据类型是程序设计语言的两个基本要素。尽管wire和reg是Verilog HDL设计者使用最频繁的变量声明方式，但Verilog HDL实际上还规定了多种其他类型的变量和常量，例如整数常量、实数常量、字符串、时间变量（time）以及参数（parameter）等。

在Verilog-1995标准中，描述变量reg时使用了register一词，这导致许多初学者对reg变量产生了误解，认为reg对应于硬件中的寄存器；他们还形成了"wire用于编写组合逻辑，而reg用于编写时序逻辑"的理解，这其实比较片面。

首先，wire变量确实仅限于组合逻辑建模，无法用于时序逻辑建模。然而，reg变量不仅适用于时序逻辑建模，还可以用于组合逻辑建模。一些设计者倾向于将wire类型称为线网类型，实际上，当使用reg变量进行组合逻辑建模时，reg变量本质上也充当了线网的角色。在Verilog HDL的后续标准中，术语variable取代了register，这在一定程度上减少了初学者对reg变量可能产生的误解。

其次，wire和reg是Verilog HDL中仅有的两种变量类型。在声明wire或reg变量时，它们可以是一位的，也可以是多位的。一位的wire或reg变量亦被称为标量，而多位的wire或reg变量则被称作矢量。此外，与其他程序设计语言类似，Verilog HDL也可以声明数组（Array）类型的变量。

在使用方法上，对wire和reg这两种类型的变量赋值存在显著差异：对于wire类型的变量，赋值必须通过assign语句（即连续赋值语句）来实现；而对于reg类型的变量，赋值则应在过程赋值语句中完成，例如在always语句块内进行。

1.2.3 进程和语句

将Verilog HDL标准中的Procedure译作"进程"并不准确。Procedure一词，实际上是指代码段，即由一个或多个语句构成的代码段。

Verilog HDL中的进程有以下4种形式。

- always语句。
- initial语句。
- function（函数）。
- task（任务）。

在这些形式中，使用频率最高的当数always语句。在构建测试平台时，initial语句也经常被采用。一些设计者会在可综合的设计代码中加入initial语句，以初始化特定变量在复位后的电平。然而，这种做法并非最佳解决方案，因为没有逻辑硬件电路与之对应。实际上，使用initial语句反映了软件设计人员的思维习惯，而Verilog HDL本质上是用来描述硬件的。对于硬件电路，我们期望它在上电或复位时能够达到一个确定的电平状态，无论是高电平还是低电平。实现这一点的最佳方式是通过不同的电路单元结构来完成。例如，若希望复位后电路处于高电平状态，应选择使用同步置位寄存器或异步置位寄存器。

1.2.4 赋值

在软件工程领域，进程和赋值等术语通常与程序设计语言紧密相关。Verilog HDL的特殊性就在于，虽然它也属于程序设计语言的范畴，但是其主要功能是对硬件进行详细描述。那么，在实体硬件电路中，赋值这一概念是如何实现和体现的呢？

在代码1-1中，为了使管脚led_out输出低电平，使用了assign关键字进行赋值操作：

assign led_out = 1'b0 ;

因此，在Verilog HDL中，对变量进行赋值实际上等同于在硬件层面设置信号的驱动源。

1.2.5 预编译指令

在Verilog HDL中运用预编译指令，可以有效应对特定的设计场景。例如，某个功能模块被编写并验证无误后，设计者可能不希望再对模块内部的代码进行修改，然而该模块可能需要适应两种不同的应用场景，一种用于实现功能A，另一种用于实现功能B。当然，设计者必须确保功能A和功能B都是正确的。

要实现这样的设计需求场景，除了使用预编译指令，也可以为功能模块设置一个控制信号。比如可以为一个模块设置一个控制信号bist_en，当该信号为低电平时，模块对输入管脚的其他信号进行处理；而当该信号为高电平时，模块内部切换到内置的测试激励来驱动对应的输入管脚，这样就可以通过输出管脚的响应来判断模块的输出是否符合预期。

下面用代码1-4提供的部分编码来详细说明这两种方式的差别。

代码1-4：预编译指令示例

```
// `define BIST_MODE                    assign fifo_wen = pwm_en ;
 assign fifo_wen = pwm_en ;              assign fifo_din = bist_en ? cnt
 `ifdef BIST_MODE                                          : pwm_gen_result ;
  assign fifo_din = cnt;
 `else
  assign fifo_din = pwm_gen_result;
    `endif
```

代码1-4中，右侧的代码使用控制信号bist_en的方式，这相当于用bist_en作为输入的选择控制信号：当bist_en为高电平时，用cnt作为输入，这时可以设计cnt为规则变化的数据（每次累加1），以便分析输出数据；当bist_en为低电平时，使用pwm_gen_result作为输入。使用这种方式设计的硬件结构是一个两输入的数据选择器，由于两个数据源都会被用到，因此产生cnt、pwm_gen_result的逻辑资源都不可少。

代码1-4中，左侧的代码使用预编译指令的方式。当设计工程中定义了BIST_MODE时，只有`ifdef到`else之间的逻辑功能生效，即使用cnt作为输入。当没有定义BIST_MODE时，使用pwm_gen_result作为输入。从描述上看，好像和右侧代码一样，也是一个数据二选一的功能。但是，它实际综合的结果会根据是否定义了BIST_MODE而定：定义了BIST_MODE时，最后结果并不包含产生pwm_gen_ result相关的功能；而没有定义BIST_MODE时，产生cnt的相关逻辑也会被优化掉。所以，可以简单地认为使用预编译指令的方式进行设计时，使用的逻辑资源比设置控制信号的方式要少。

1.3 Verilog-2005标准改进说明

虽然用于描述硬件，但是Verilog HDL本质上还是一种高级程序设计语言，所以每次标准的更新都借鉴了当时一些优秀的编程思想。相比Verilog-1995，Verilog-2001有了很大改善，让Verilog HDL更加精简、高效。Verilog-2005发布时，由于已经发布了System Verilog，所以Verilog-2005本身并没有引入太多的优化。本节描述的特性有很多是在Verilog-2001中就已提出的，但为了统一，本节将它们描述为Verilog-2005的特性。

1.3.1 端口声明"三合一"

端口声明方式的改进见表1-1。

表1-1

Verilog-2005语法	Verilog-1995语法
module XX (input wire [3:0] sig_in , output wire [7:0] sig_out1, output reg [3:0] sig_out2); // 模块功能描述：略 endmodule	module XX (sig_in , sig_out1, sig_out2); input sig_in ; output sig_out1; output sig_out2; wire [3:0] sig_in ; wire [7:0] sig_out1; reg [3:0] sig_out2 ; // 模块功能描述：略 endmodule

在Verilog-1995中，同一个变量要在3个地方分别说明！ Verilog-2005把这3个部分合而为一，不仅让代码更加简洁，还让代码编写过程中的误输入可能性大幅度降低。

1.3.2 敏感变量列表描述方式的改进

早期从事FPGA设计的人员对编码风格中要求的"敏感变量列表要描述齐全"可能印象深刻，因为在用always语句描述组合逻辑时，如果不小心遗漏了一个敏感变量列表，就会导致所描述的硬件结构成为一个锁存（Latch）结构，使设计结果与预期大相径庭。Verilog-2005中，在描述时序逻辑的敏感变量列表时，用逗号来代替关键字or；而在描述组合逻辑时，直接用星号来替代全部敏感变量列表，参考表1-2、表1-3的对比情况。

表1-2

Verilog-2005语法	Verilog-1995语法
always @ (posedge clk , negedge rstn) 　Y <= a | b ;	always @ (posedge clk or negedge rstn) 　Y <= a | b ;

表1-3

Verilog-2005语法	Verilog-1995语法
always @ (*) 　Y = a | b & c | d;	always @ (a or b or c or d) 　Y = a | b & c | d;

1.3.3 矢量位选择方式的改进

在Verilog HDL中声明一个变量时，如果没有指定变量的位宽，就把该变量当作只有一位的变量，也称为标量；而如果指定了该变量的位宽为多位，该变量被称为矢量。要从一个矢量中选择其部分连续数据位时，Verilog-2005在Verilog-1995的基础上也有许多改进，参考表1-4的对比情况。

表1-4

Verilog-2005语法	Verilog-1995语法
wire [7:0] sig_x1 ; wire [7:0] sig_x2 ;	wire [7:0] sig_x1 ; wire [7:0] sig_x2 ;

Verilog-2005 语法	Verilog-1995 语法
reg [31:0] sig_y ;	reg [31:0] sig_y ;
assign sig_x1 = sig_y[10+:8] ;	assign sig_x1 = sig_y[17:10] ;
assign sig_x2 = sig_y[17-:8] ;	assign sig_x2 = sig_y[17:10] ;

Verilog-2005引入了C语言的一些语法，10+:8表示从第10位开始往高位连续选择8位；17-:8表示从第17位开始往低位连续选择8位。用这两种方式都可选择信号 sig_y 的[17:10]这8位。

1.3.4 parameter 声明和值传递方式的改进

参数化设计是程序设计语言的重要思想。在 Verilog-2005 中，模块的 parameter 声明和值传递方式均比 Verilog-1995 简洁，参考表1-5的对比情况。

表1-5

Verilog-2005 语法	Verilog-1995 语法
module param_def	module param_def(
# (	// 其他信号：略
parameter L_WIDTH = 8,	sig_in , sig_out
parameter L_DEEPTH = 256	);
)	parameter L_WIDTH = 8 ;
(	parameter L_DEEPTH = 256 ;
// 其他信号：略	
input [L_WIDTH-1:0] sig_in ,	input [L_WIDTH-1:0] sig_in ;
output [L_DEEPTH-1:0] sig_out	output [L_DEEPTH-1:0] sig_out;
);	
// 内部功能描述：略	
	// 内部功能描述：略
endmodule	
	endmodule

Verilog-2005用#()的方式在端口列表声明前声明模块的 parameter 列表。

对于模块 parameter 的值传递方式，各个版本的 Verilog 标准都支持使用关键字 defparam 来传递 parameter 的值到例化模块中。除此之外，也可以在例化模块时直接用端口连接的方式传递参数，但是Verilog-1995只支持隐式参数传递，即各个parameter的值按照它们在模块声明时的顺序一一对应地传递。在Verilog-2005中，可以像端口信号一样只对指定parameter的值进行传递，即增加了显式参数传递机制，参考表1-6的对比说明。

表1-6

Verilog-2005语法	Verilog-1995语法

// 例化param_def,
//但是没有更新L_WIDTH
param_def
 #(
 .L_DEEPTH (200)
) inst_param_def
(
 .sig_in (sig_in),
 .sig_out (sig_out)
);
	param_def
	 #(
	 8,
	 200
	) inst_param_def
	(
	 .sig_in (sig_in),
	 .sig_out (sig_out)
	);

Verilog-2005改进后采用显式参数传递机制，不仅参数列表的顺序可以任意调换，还可以根据需要只更新部分参数的值，其他未传递的参数则采用模块声明时的默认值。

1.3.5 generate语句的使用

在Verilog-2005中，与generate同步引入的还有endgenerate、genvar等关键字。generate语句可以用在多种场景中。

一种场景是替换`define，即前面介绍的预编译指令。预编译指令的使用方式是用关键字`define定义预编译变量，然后用`ifdef…`else语句实现功能。使用generate语句也可以实现这样的功能：用genvar定义一个变量，根据该变量的实际值用generate if、generate case语句生成不同的硬件。

另一种场景是使用generate for的结构描述功能相同的多个硬件结构，这将极大简化代码量，参考表1-7的对比说明。

表1-7

Verilog-2005语法	Verilog-1995语法

// 模块其他功能：略
// 例化 param_def 模块4次
wire [7:0] sig_in0 ;
wire [255:0]sig_out0 ;
wire [7:0] sig_in1 ;
wire [255:0]sig_out1 ;
wire [7:0] sig_in2 ;
wire [255:0]sig_out2 ;
wire [7:0] sig_in3 ;
wire [255:0]sig_out3 ;
genvar j ;
wire [4*8-1:0] sig_in = { sig_in3, sig_in2, sig_in1, sig_in0};
wire [4*256-1:0]sig_out ;
generate
begin: INST_exam
 for (i=0;i<4;i=i+1)
param_def param_def
(
// 其他信号连接：略
.clk (clk) ,
.sig_in (sig_in[i*8+7:i*8]) ,
.sig_out (sig_out[i*256+255:i*256])
);
 	
 end
endgenerate
 assign sig_out0 = sig_out[255:0] ;
 assign sig_out0 = sig_out[511:256] ;
 assign sig_out0 = sig_out[767:512] ;
 assign sig_out0 = sig_out[1023:768] ;
	// 模块其他功能：略
	// 例化 param_def 模块4次
	
	wire [7:0] sig_in0 ;
	wire [255:0]sig_out0 ;
	wire [7:0] sig_in1 ;
	wire [255:0]sig_out1 ;
	wire [7:0] sig_in2 ;
	wire [255:0]sig_out2 ;
	wire [7:0] sig_in3 ;
	wire [255:0]sig_out3 ;
	
	param_def param_def_inst0 (
	// 其他信号连接：略
	.clk (clk) ,
	.sig_in (sig_in0) ,
	.sig_out (sig_out0));
	
	param_def param_def_inst1 (
	// 其他信号连接：略
	.clk (clk) ,
	.sig_in (sig_in1) ,
	.sig_out (sig_out1));
	
	param_def param_def_inst2 (
	// 其他信号连接：略
	.clk (clk) ,
	.sig_in (sig_in2) ,
	.sig_out (sig_out2));
	
	param_def param_def_inst3 (
	// 其他信号连接：略
	.clk (clk) ,
	.sig_in (sig_in3) ,
	.sig_out (sig_out3));

1.3.6 矢量化方式例化模块

在需要多次例化同一个模块时，如前所述，可以使用 generate 语句。Verilog-2005 还提供一种类似于矢量声明的方式，比使用 generate 语句更简洁，参考代码 1-5。

代码 1-5：矢量化方式例化参考代码

```
// 模块其他功能：略
// 例化 param_def 模块 4 次
wire [7:0] sig_in0 ;
wire [255:0]sig_out0 ;
wire [7:0] sig_in1 ;
wire [255:0]sig_out1 ;
wire [7:0] sig_in2 ;
wire [255:0]sig_out2 ;
wire [7:0] sig_in3 ;
wire [255:0]sig_out3 ;
param_def  param_def_inst[3:0] (
// 其他信号连接：略
.clk ({4{clk}}) , // clk ( clk )
.sig_in ({ sig_in3, sig_in2, sig_in1, sig_in0}),
.sig_out ({ sig_out3, sig_out2, sig_out1, sig_out0} ) );
```

使用 param_def_inst[3:0] 的方式相当于例化了 4 个 param_def 模块，各个端口信号也相应地进行了扩展。如果所有例化模块的某个端口使用的是同一个信号，那么还可以简化。

比如在代码 1-5 中使用的是：

.clk ({4{clk}}) ,

这表明 4 个例化模块的 clk 端口连接的是同一个信号，此时可以替换为如下形式：

.clk (clk) ,

1.4 基础功能单元的 Verilog HDL 建模

利用 Verilog HDL 的逻辑运算符，可以轻松对电子系统中的非门、与门、与非门、或门、或非门甚至异或门等功能单元进行建模。本节简单介绍如何对电子系统中的一些常用功能进行建模。

1.4.1 同步器

异步信号处理是电子系统中必不可少的功能单元。同步电子系统工作的基本要求是每个寄存器的建立时间、保持时间都必须满足，否则容易造成亚稳态的传播，从而导致系统功能失效。

当需要使用从另外一个时钟域产生的信号时，同步器是该信号进入新的时钟域时首先要使用的功能部件。最基本的同步器是两个挨得很近的寄存器，这两个寄存器在物理布局上应尽量靠近，并且让第一级寄存器的输出到第二级寄存器输入的布线延迟尽量短。用Verilog HDL描述同步器时，无法体现两个寄存器物理位置的关系，所以从代码上看同步器就是两个级联的寄存器，可参考代码1-6，图1-2所示为其描述的硬件结构。

代码1-6：同步器参考代码

```
module sig_sync (
    output wire sync_out ,
    input wire sig   ,
    input wire clk
    );

reg sig_reg1;
reg sig_reg2;

always @ ( posedge clk )
 begin
  sig_reg1 <= sig   ;
  sig_reg2 <= sig_reg1 ;
 end

assign sync_out = sig_reg2 ;

endmodule
```

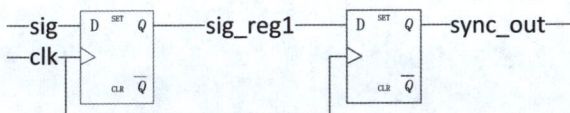

图 1-2

FPGA 设计简明教程

1.4.2 沿检测器

沿检测器用于检测输入信号的上升沿或者下降沿，参考图1-3，sig_pedge表示检测到sig信号从低到高的跳变后输出的高电平指示信号，sig_nedge表示检测到sig信号从高到低的跳变后输出的高电平指示信号。代码1-7是实现这两个功能的沿检测器参考代码。

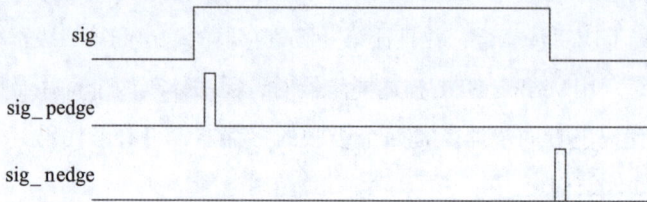

图 1-3

代码1-7：沿检测器参考代码

```
module pulse_det (
  output wire sig_pedge ,
  output wire sig_nedge ,
  input  wire sig_in  ,
  input  wire clk    ,
  input  wire rstn
  );

reg sig_in_p_dly ;
reg sig_in_n_dly ;
reg p_edge ;
reg n_edge ;

always @ ( posedge clk , negedge rstn )
  if ( !rstn )
   begin
    sig_in_p_dly <= 1 ;
    sig_in_n_dly <= 0 ;
    p_edge    <= 0 ;
    n_edge    <= 0 ;
   end
  else
   begin
```

```
        sig_in_p_dly <= sig_in ;
        sig_in_n_dly <= sig_in ;
        p_edge     <= {sig_in_p_dly,sig_in} == 2'b01 ; // 1 comes
        n_edge     <= {sig_in_n_dly,sig_in} == 2'b10 ; // 0 comes
    end

////// Output Drivers
    assign sig_pedge = p_edge ;
    assign sig_nedge = n_edge ;

endmodule
```

可以看到，沿检测器的基本原理是将输入信号通过寄存器延迟一个节拍，通过前后两级寄存器输出信号的高电平、低电平状态判断输入信号是出现了上升沿还是下降沿。上述代码中对输入信号sig进行延迟一个节拍的处理时，判断上升沿与判断下降沿使用了不同的寄存器类型：在复位信号rstn有效时，判断下降沿用的寄存器是异步复位寄存器，即sig_in_n_dly在复位时输出为低电平；而判断上升沿用的寄存器为异步置位寄存器，即sig_in_p_dly在复位时输出为高电平。为什么需要这样处理呢？

这是为了避免在复位释放时出现上升沿的误判，如图1-4所示。如果上升沿判断也使用异步复位寄存器，当输入信号sig在复位释放前后均为高电平时，复位释放后的第一个时钟节拍里sig_in_p_dly仍然为低电平，所以sig_pedge会输出一个周期的有效高电平，即判断这里也是输入信号sig的一个上升沿，这显然是一个误判。

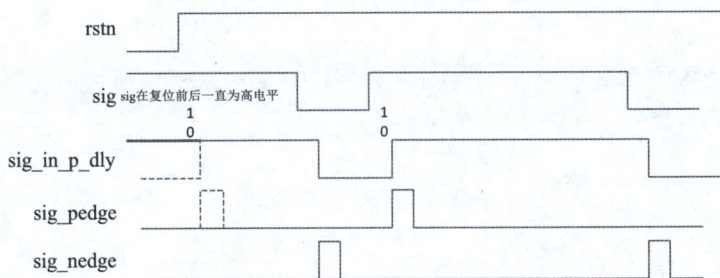

图1-4

1.4.3 扩展器

有时需要把某个宽度较窄的信号进行扩展。例如这样的设计场景：需要检测

A、B、C、D 4 个事件是否按顺序发生，并在检测到事件 B 发生后等待 10 个时钟周期再开始检测事件 C。要实现 "等待 10 个时钟周期"，就需要使用扩展器。

另一个常见的场景是异步信号处理。代码 1-7 输出的 sig_pedge 的有效高电平只有一个时钟周期宽度。当另一个频率更低的时钟域需要使用 sig_pedge 时，其时钟周期大于 sig_pedge 的宽度，如图 1-5 所示，t_clk 的时钟周期明显大于 sig_pedge 的宽度，t_clk 的上升沿并不能采样到 sig_pedge 信号的电平变化。所以，用同步器同步一位信号时，有一个基本条件需要满足：源时钟域内的信号宽度不能小于目标时钟域（t_clk）的两个时钟周期宽度。所以在该场景中，需要把 sig_pedge 信号在源时钟域内进行扩展。

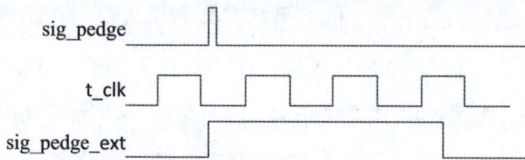

图 1-5

扩展器参考代码见代码 1-8。

代码 1-8：扩展器参考代码

```
module sig_ext_gen # (
  parameter DELAY_CNT = 8 , // ext cycles :
  parameter D_WIDTH  = 4  // bit size
  )
  (
  output   sig_ext  , // sig_in cycles + DELAY_CNT cycles
  input    sig_in  ,
  input    clk   ,
  input    rstn
  );

reg busy ;
reg [D_WIDTH-1:0] dly_cnt;
wire busy_done = dly_cnt >= (DELAY_CNT-1) ;

always @ ( posedge clk , negedge rstn)
  if ( !rstn )
  begin
```

```
      busy   <= 0 ;
      dly_cnt <= 0 ;
     end
    else
     begin
     if ( sig_in ) busy <= 1 ;
     else if ( busy_done ) busy <= 0 ;
     if ( sig_in ) dly_cnt <= 0 ;
     else if ( !busy ) dly_cnt <= 0 ;
     else dly_cnt <= dly_cnt + 1'b1 ;
     end

////// Output Drivers
  assign sig_ext = busy ;

endmodule
```

1.4.4 任意时钟域之间的沿同步器

沿同步器用于把一个信号的沿检测结果同步到另外一个时钟域。如图 1-3 所示，沿检测结果只有一个时钟周期宽度，当需要把它同步到低速目标时钟域时，需要先在源时钟域内对信号进行扩展，最好扩展到超过低速时钟域的 3 个时钟周期宽度。所以，能在任意两个时钟域之间进行同步的沿同步器应该包含以下 3 个部分。

- 源时钟域内信号的扩展器。
- 同步器。
- 目标时钟域内的沿检测器。

图 1-6 所示为信号变化，代码 1-9 是任意时钟域沿同步器参考代码。

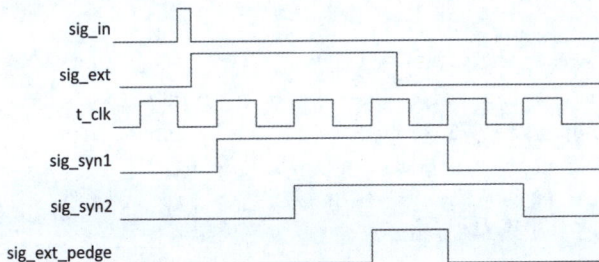

图 1-6

代码1-9：任意时钟域沿同步器参考代码

```
module sig_ext_sync_edge # (
    parameter DELAY_CNT = 8,
    parameter D_WIDTH  = 4
    ) (
    output sig_ext_syn  ,
    output sig_ext_pedge ,
    output sig_ext_nedge ,
    input  sig_in      ,
    input  src_clk     ,
    input  tgt_clk     ,
    input  rstn
    ) ;

    wire sig_ext ;

    sig_ext_gen # (
    .DELAY_CNT ( DELAY_CNT ) , // ext cycles :
    .D_WIDTH  ( D_WIDTH  )  // bit size
    ) sig_exter
    (
    /*output   */.sig_ext  ( sig_ext ) , // sig_in cycles + DELAY_CNT
    /*input    */.sig_in   ( sig_in ) ,
    /*input    */.clk     ( src_clk ) ,
    /*input    */.rstn    ( rstn  )
    );

    sig_sync sig_ext_syner (
    /*input wire */.clk   ( tgt_clk  ) ,
    /*input wire */.sig   ( sig_ext  ) ,
    /*output wire */.sync_out ( sig_ext_syn )
    );

    pulse_det sig_ext_edger (
    /*output wire */.sig_pedge ( sig_ext_pedge ) ,
    /*output wire */.sig_nedge ( sig_ext_nedge ) ,
    /*input  wire */.sig_in  ( sig_ext_syn ) ,
    /*input  wire */.clk    ( tgt_clk   ) ,
    /*input  wire */.rstn    ( rstn       )
```

```
    );

endmodule
```

为了扩大模块的适用范围，将信号扩展的宽度DELAY_CNT设计为模块的
parameter。

1.4.5 序列检测器

序列检测器的功能是检测一系列事件是否按特定顺序发生过。比如一个8位
宽的信号，其值可以从0x00到0xFF，需要检测该信号上是否先后出现过0x01、
0x02、0x03、0x04这4个值，至少有两种检测方式。

第一种方式是"存在性"检测，即从该信号的值序列中出现值0x01开始，先
后出现了0x02、0x03，又出现了0x04，就算序列检测成功，在值0x04处输出检测
成功的指示，然后再次从0x01开始进行第二次序列检测操作。

第二种方式是连续检测，即该信号4个连续的值必须依次是0x01、0x02、
0x03、0x04才算检测成功，中间隔了任何其他值都必须重新检测。

图1-7所示为两种检测方式的结果，可以看出第二种检测方式是第一种检测方
式的子集。

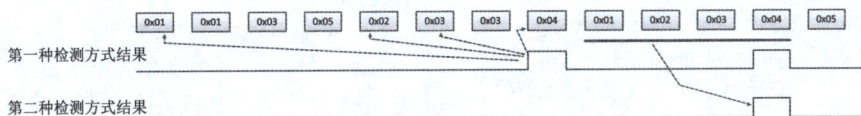

图 1-7

如果用状态机来描述这两种检测方式，可以更清楚地看到两者的差异，图1-8
（a）表示第一种检测方式，图1-8（b）表示第二种检测方式。两种检测方式都用
EVT_0、EVT_1、EVT_2、EVT_3分别表示检测到了字节0x01、0x02、0x03、0x04。

使用第一种检测方式检测到字节0x01后就一直停留在EVT_0状态，直到检测
到0x02后进入EVT_1状态。而对于第二种检测方式，只有在检测到0x02后才会
从EVT_0状态进入EVT_1状态，如果检测到出现的值不是0x02则进入IDLE状态，
重新从0x01开始检测。

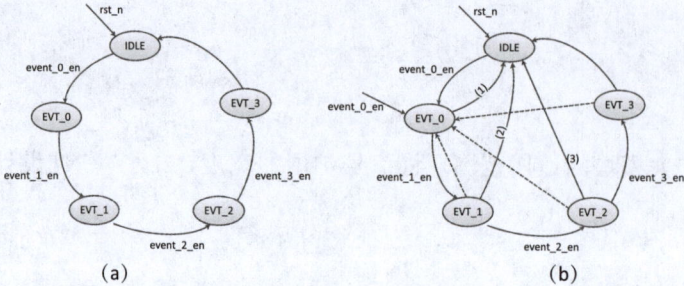

图1-8

对于第二种检测方式，还有一点需要注意，就是任何情况下检测到0x01，都不需要进入IDLE状态并再次检测0x01，因为已经检测到了0x01，所以应该进入EVT_0状态。图1-8（b）中用虚线的状态跃迁来表示这种情况。

两种检测方式的设计代码可以参考代码1-10、代码1-11。需要注意，这两段代码并不是完全按照图1-8中的状态机来设计的。

代码1-10：第一种检测方式的参考代码

```
module seq_chk_none_cont # ( parameter STATE = 8 )  (
    output wire        seq_cfm   ,
    input wire [STATE-1:0] trigger_in ,
    input wire         clk      ,
    input wire         rstn
    );

    genvar i ;
    reg [STATE-1:0] event_en    ;
    reg        seq_chk_done ;
    wire seq_chk_done_comb
    = event_en[STATE-2:0] == { (STATE-1){1'b1}} & trigger_in[STATE-1] ;
    always @ (posedge clk, negedge rstn)
      if (!rstn)
        seq_chk_done <= 0 ;
      else
        seq_chk_done <= seq_chk_done_comb ;

    always @ (posedge clk, negedge rstn)
      if (!rstn)
```

```
        event_en[0] <= 0 ;
     else if ( seq_chk_done_comb )
       event_en[0] <= 0 ;
     else if ( trigger_in[0] )
       event_en[0] <= 1 ;


   generate
    for (i = 1; i < STATE ; i=i+1)
     begin: seq_detectors

       always @ (posedge clk, negedge rstn)
         if (!rstn)
           event_en[i] <= 0 ;
         else if ( seq_chk_done_comb )
           event_en[i] <= 0 ;
         else if ( !event_en[i] & event_en[i-1] & trigger_in[i] )
           event_en[i] <= 1 ;


     end
   endgenerate


/// output Drivers
   assign seq_cfm = seq_chk_done ;


endmodule
```

代码1-11:第二种检测方式的参考代码

```
module seq_chk_cont # ( parameter STATE = 8 )  (
    output wire        seq_cfm   ,
    input wire [STATE-1:0] trigger_in ,
    input wire        clk     ,
    input wire        rstn
    );

  genvar i ;
  reg [STATE-1:0] event_en   ;
  wire [STATE-1:0] event_en_comb ;
  reg       seq_chk_done ;
```

```
  wire seq_chk_done_comb = event_en[STATE-1] & trigger_in[STATE-1] ;
  wire has_input = trigger_in != 0 ;
  always @ (posedge clk, negedge rstn)
    if (!rstn)
      seq_chk_done <= 0 ;
    else
      seq_chk_done <= seq_chk_done_comb ;

  always @ (posedge clk, negedge rstn)
    if (!rstn)
      event_en <= 1 ;
    else if ( seq_chk_done_comb )
      event_en <= 1 ;
    else if ( has_input )
      event_en[STATE-1:1] <= event_en_comb[STATE-1:1] ;

  generate
   for (i = 1; i < STATE ; i=i+1)
    begin: EVT_GEN
      assign  event_en_comb[i] = trigger_in[i-1] ? event_en[i-1] : 0 ;
    end
  endgenerate

/// output Drivers
  assign seq_cfm = seq_chk_done ;

endmodule
```

代码1-10、代码1-11均采用参数化设计方式，并且都使用了generate语句。两个模块设计的巧妙之处在于，将event_en信号的最低位固定为高电平，其他位用来分别表示检测到了一个事件的发生。但是在两个模块中，由于检测方式不同，其他位的高电平时间是不相同的：在代码1-11中，其他位最多只能有一个为高电平；而在代码1-10中，其他位会按照从低到高的顺序，在分别检测到trigger_in [0]、trigger_in [1]……后依次变为高电平，并且保持到seq_chk_done_comb有效后才被清零，可以参考图1-9所示的仿真结果。

图 1-9

代码 1-12 是 generate 的一种错误写法。

代码 1-12：generate 的一种错误写法

```
generate
  for (i = 1; i < STATE ; i=i+1)
  begin: seq_detectors
    always @ (posedge clk, negedge rstn)
      if (!rstn)
        event_en <= 1 ;
      else if ( seq_chk_done_comb )
        event_en <= 1 ;
      else if ( has_input )
        event_en[STATE-1:1] <= trigger_in[i-1] ? event_en[i-1] : 0 ;
  end
endgenerate
```

1.4.6 去抖处理

对按键信号进行去抖处理是电子系统中很常用的功能。因为通常情况下，按键在接触点断开、闭合时，并不会立即稳定地断开和接通，图 1-10 所示的第一个信号描述了这种不稳定性，因此不能直接用该信号的下降沿表示信号已经变为稳定的低电平，也不能用该信号的上升沿表示信号已经变为稳定的高电平。

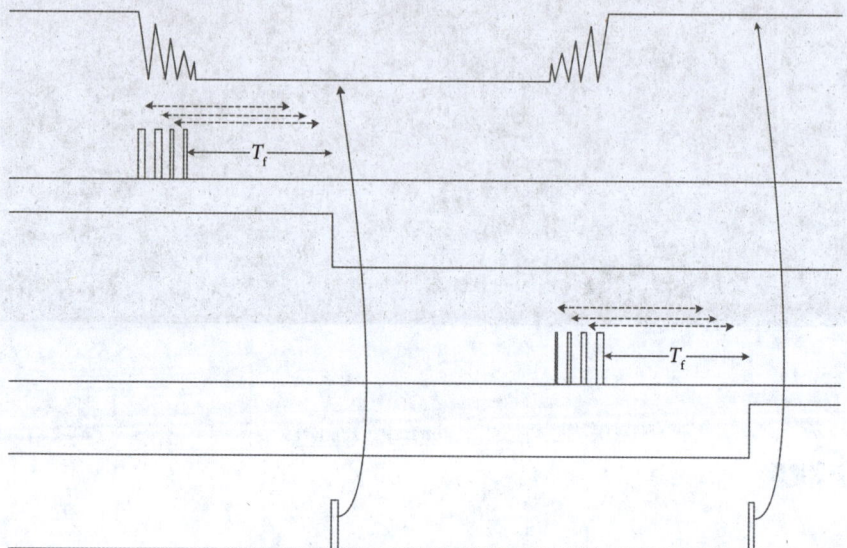

图 1-10

为了判断信号是否已经变为稳定的低电平，稳妥的做法是启动一个计数器，在检测到信号的下降沿和信号为高电平时将计数器清零，只在检测到信号为低电平的周期将计数器累加 1，如果计数器能计数到指定的宽度（比如 T_f 个时钟周期），表明对应的 T_f 个时钟周期内的输入信号都是低电平。因此，可以用计数器计数到特定值，表示信号已经变为稳定的低电平。如图 1-10 所示，当有多个下降沿并且它们的间隔小于 T_f 个时钟周期时，只有检测到最后一个下降沿后计数器才能计数到 T_f，所以只有最后这一个下降沿生效，前面的下降沿都被滤除掉了。

对上升沿也可以采用相同的方式实现输入信号的去抖处理。在计数器的值为 T_f 时输入信号的采样值就可以作为去抖后的信号，图 1-10 所示最底部的信号就是输入信号采样触发信号，即计数器计数到 T_f 的位置。

设计代码可以参考代码 1-13。

代码 1-13：输入信号去抖处理参考代码

```
module debounce # (parameter TFILTER_SIZE = 32 , // bit size
         parameter TFILTER   = 100 // De-Bounce Cycles
```

```verilog
) (
output wire sig_out   ,
input  wire sig_in    ,
input  wire clk       ,
input  wire rstn
);

reg enable ;
reg busy ;
reg sig_in_dly ;
reg [TFILTER_SIZE-1:0] t_cnt ;
reg sig_out_reg ;

wire sig_in_edge = sig_in_dly ^ sig_in ;
wire dly_done = busy & t_cnt >= (TFILTER-1) ;

always @ ( posedge clk , negedge rstn )
  if ( !rstn )
  begin
  enable    <= 0 ;
  sig_in_dly <= 0 ;
  busy      <= 0 ;
  t_cnt     <= 0 ;
  sig_out_reg <= 0 ;
  end
  else
  begin
  if ( sig_in_edge ) enable <= 1 ;
  sig_in_dly <= sig_in ;
  if ( sig_in_edge ) busy <= 1 ;
  else if ( dly_done ) busy <= 0 ;
  if ( sig_in_edge | (!busy) | dly_done ) t_cnt <= 0 ;
  else t_cnt <= t_cnt + 1 ;
    `ifdef DE_CASE1
      if ( (!enable) | dly_done )
    `else
      if ( (!enable) | ( dly_done & (!sig_in_edge) ) )
    `endif
      sig_out_reg <= sig_in_dly ;

  end
```

```
  assign sig_out = sig_out_reg ;

endmodule
```

代码1-13中使用了如下预编译指令：

```
`ifdef DE_CASE1
  if ( (!enable) | dly_done )
`else
  if ( (!enable) | ( dly_done&(!sig_in_edge) ) )
`endif
```

这是为了解决如下问题：输入信号跳变沿处计数器被清零。但是在计数器正好计数到T_f时，又检测到一个跳变沿，dly_done与sig_in_edge在同一个时钟周期内生效了，参考图1-11，这时如何处理这个新的信号跳变？也就是说，在这种情况下，dly_done与sig_in_edge谁的优先级更高？

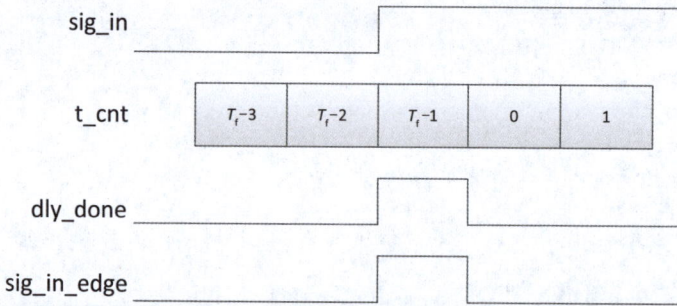

图 1-11

第一种处理方式（DE_CASE1）是dly_done的优先级更高。其思路是既然计数器能够到达T_f-1，表示信号已经足够稳定，所以对应的信号沿有效。对应信号沿如果是下降沿则输出低电平，如果是上升沿则输出高电平。

第二种处理方式是sig_in_edge的优先级更高，其思路是既然最后一个周期检测到了新的信号沿，则表明信号又发生了跳变，所以前一个信号沿要忽略。

所以在设计代码中添加预编译指令，若在某种场景下需要使用第一种处理方式，再在模块中添加如下代码即可：

```
`define DE_CASE1
```

1.5 小结

  本章对Verilog HDL一些比较常用的语法进行了简单说明，并给出了一些基本功能单元的参考代码。

第2章

PWM控制LED灯效

2.1 LED概述

　　发光二极管（Light Emitting Diode，LED）是利用特殊半导体材料制作的二极管，它可以将电能转换为光能。LED发出的光的波长取决于不同材料的电子与空穴复合时释放的能量，因此制作不同颜色的LED所需的材料不同。各种不同颜色的LED也是随着材料科学的发展逐步出现的。目前，各种颜色的LED制作技术均已发展成熟。LED的应用范围非常广泛，如各种指示灯（比如交通信号灯）、LED显示屏、液晶屏背光源、灯饰、照明光源等。LED的工作电压低，只需要2～4V，工作电流也从几毫安到几十毫安不等。LED驱动电路也非常简单，图2-1所示为电子系统中常用的LED驱动电路。

　　每个LED通过一个上拉电阻器连接到3.3V的电源，LED的阴极由MCU、FPGA等处理器控制。当处理器在对应控制端输出高电平时，LED两端电压相同，LED不亮；而当处理器在对应控制端输出低电平时，LED两端电压超过其工作电压，LED被点亮。由于各个LED的阳极共用同一个3.3V的电源，因此这种驱动方式被称为共阳极连接。对应

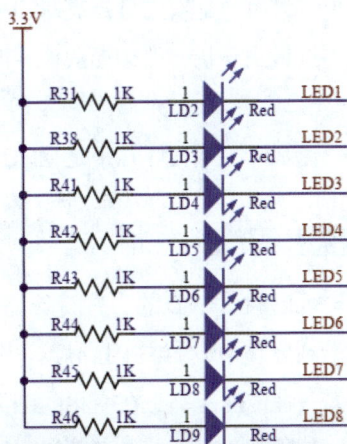

图 2-1

地，还有一种驱动方式被称为共阴极连接，在这种驱动方式下，各个LED的阴极都接地，阳极通过上拉电阻器连接到控制端。所以对应处理器在控制端输出高电平时，LED才能被点亮。

2.2 LED常见灯效说明

利用LED的亮灭以及人的视觉暂留效应，可以实现多种显示效果。

2.2.1 常亮、常灭

很多应用场景中，LED的亮、灭状态会维持较长一段时间，这种状态分别称为LED常亮、常灭状态。比如交通灯，LED的状态在亮、灭之间交替，并且亮、灭状态都会保持相当长的时间。一些电子系统的电源指示灯在通电后就一直处于亮的状态，只有在断电的情况下才会熄灭。

2.2.2 流水灯/跑马灯

流水灯是指把多个LED组合起来，让全部灯按顺序先后交替亮灭，形成水流似的效果。实现流水灯有两种基本的方式：一种是多个灯按顺序被点亮，在有新的灯亮起时，之前亮起的灯依旧保持亮的状态，这类似于开闸后河水顺着河道流动的效果；另一种是新的灯点亮时，之前的灯全部处于灭的状态。这种情况下，如果把这些灯做成环状，就会形成像一匹赛马在赛道上循环跑圈的效果，因此这被称为跑马灯。

流水灯、跑马灯几乎是MCU、FPGA等控制器的开发板必备的基本演示功能。

2.2.3 闪烁

可以利用LED的一些特殊亮灭组合实现闪烁的效果。比如在计算机的以太网口上通常就有这样的闪烁灯：当有数据进行传输时，LED闪烁的频率发生变化，给人一种传输速率正在变化的感觉。

心跳灯、呼吸灯是两种特殊的闪烁效果。

心跳灯是指模拟人心脏跳动的状态，每隔一定时间，LED被快速点亮，然后快速熄灭。很多电子系统用这样的指示灯效果来让用户知道系统仍然处于工作状态。

呼吸灯是指用LED的亮、灭来模拟人的呼吸过程。心跳灯会快速亮灭，在一个周期里熄灭的时间较长；呼吸灯在点亮和变暗时的亮度都是逐步变化的。反映在驱动信号的波形上，心跳灯的驱动信息可以认为是一个周期重复的单窄脉冲信号，而呼吸灯的驱动信号可以简化为三角波形，参考图2-2所示的信号波形。

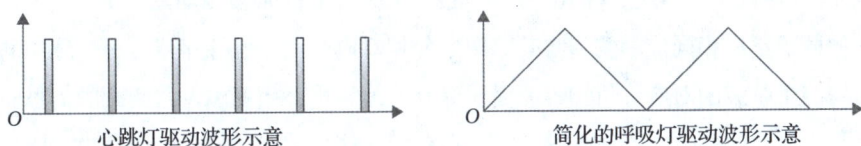

图 2-2

研究表明，处于正常的呼吸状态时，人呼气的时间更长，接近吸气时间的两倍。所以要实现更好的呼吸灯效果，还需要在LED亮、灭的时间长度上进行控制。

此外，人眼对强光、弱光状态下光强变化的敏感程度并不相同，通常对弱光状态下的光强变化更敏感。所以，为了获得比较好的呼吸灯效果，除了灯亮、灭的时间长度需要控制，还要控制灯的亮度变化过程。图2-3所示为呼吸灯效果比较好的一种驱动信号的波形示意。

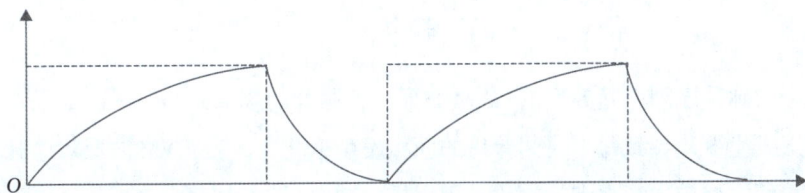

图 2-3

2.3 脉宽调制概述

调制是指把信源信号（调制信号）转换为适合传输的信号形式（已调信号）的过程。模拟调制是调制信号和载波信号都是模拟量的调制技术，调幅、调频、调相是模拟调制的3种基本形式。数字化技术的发展使得调制信号是离散的数字量，载波依然是连续波，这种调制技术也称为数字调制，振幅键控、移频键控、移相键控以及差分移相键控是数字调制的4种基本形式。脉宽调制（Pulse Width Modulation，PWM）广泛应用在电力电子、测量、通信、功率控制与变换等诸多领域中。

PWM基于采样控制理论中的一个重要结论：冲量相等而形状不同的窄脉冲加在具有惯性的环节上时，其效果基本相同。这也被称为面积等效原理。图2-4中，左侧是一个连续的周期为T的半周期正弦波，按照时间轴被平均划分为7段，每一等份的面积不尽相同。右侧为与其时间划分相对应的离散脉冲序列，每个脉冲的面积与左侧正弦波的对应等份相等。面积等效原理指出，用图中左右两侧的信号驱动一个具有惯性的环节时等效。基于此，在实际系统应用中，就可以用图中右侧的一系列脉冲序列替代左侧的连续信号。当然，能这样操作的基本前提是作用的对象是一个具有惯性的环节，比如LED的亮度、马达的转速、河流的速度等。

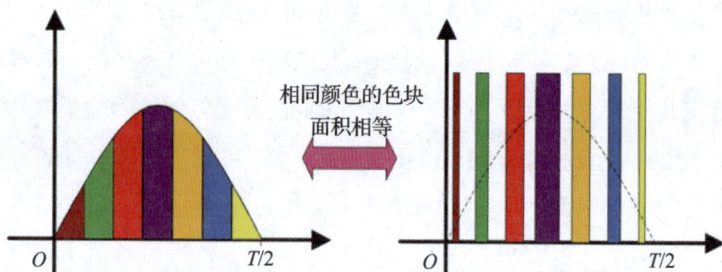

图2-4

右侧的脉冲序列就是典型的PWM波形，各脉冲的幅值是相等的。如果左侧的连续波形发生变化导致每个时间等份的面积发生变化，改变PWM波形对应脉冲的宽度即可使之对应。频率和占空比是用于描述PWM波形的两个典型特征值，频率反映的是划分连续信号的时间间隔，占空比反映的是对应时间内连续信号的面积。

> 要点提示
>
> PWM有两种基本的用法：一是PWM信号的周期保持不变，每次只改变信号的占空比；二是PWM信号的高电平脉冲宽度不变，每次改变PWM信号的周期（即相同的高电平后跟不同的低电平宽度）。

2.4 LED灯效演示操作环境

前面提到，流水灯、跑马灯几乎是MCU、FPGA等控制器的开发板必备的基本演示功能。LED应用广泛，并且驱动简单，能够说明MCU、FPGA等控制器的开发流程；同时，流水灯、跑马灯的效果需要通过编写程序实现，所以演示流水灯、跑马灯是MCU、FPGA等控制器最好的入门素材。

本章后续内容基于在小脚丫的MAX10核心板上对LED进行的各种操作，所以本节先对MAX10核心板进行简单说明。

2.4.1 硬件环境

MAX10核心板是小脚丫非常成熟的FPGA学习板，如图2-5所示。

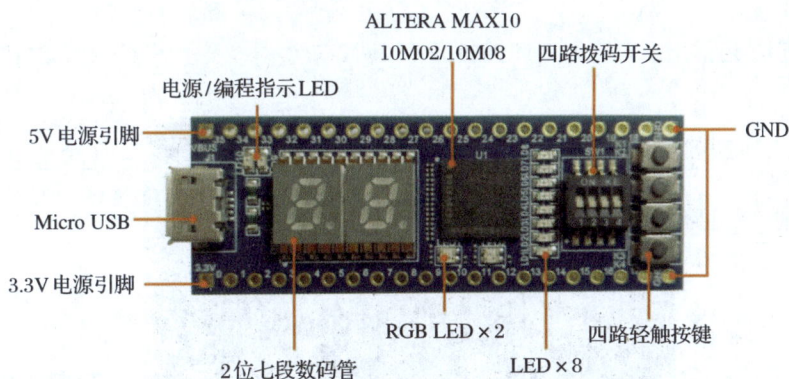

图 2-5

该开发板核心芯片为Altera的MAX10系列产品，可选择MAX10-02、MAX10-08C、MAX10-08A等3个管脚兼容的芯片类型。该核心板搭载了如下硬件资源。

- Micro USB。
- 2位七段数码管。
- 2个RGB LED。
- 四路拨码开关。
- 8个LED。
- 1个12MHz晶体振荡器（布局在核心板的底面）。

• 36个扩展GPIO（General Purpose Input /Output，通用输入输出）。

图2-5中还展示了各个硬件资源在核心板上的位置，图2-6所示为核心板底面，除了晶振外，板载的下载接口（USB Blaster板载编程器）也是放在核心板底面的。

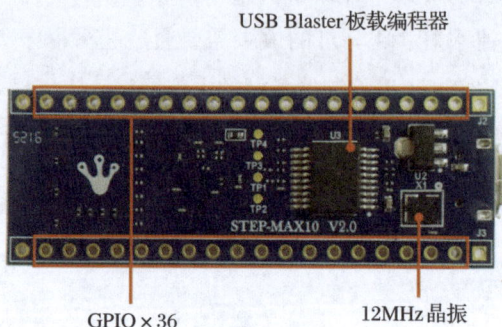

图 2-6

小脚丫还推出了对应的培训扩展板，如图2-7所示。

图 2-7

该培训扩展板上搭载的硬件资源如下。

• USB转UART电路。

• SPI的8位串行ADC电路。

• 1个温度传感器（DS18B20）。

• 无源蜂鸣器。

• PWM-RC滤波电路。

- OLED显示电路。
- 10位R-2R网络DAC电路。

本书后文如无特殊说明，用核心板来指代MAX10核心板，用扩展板来指代与MAX10核心板匹配的培训扩展板。

2.4.2 软件开发环境

在进行实际操作之前，需要安装Altera对应的开发环境。

MAX10核心板是Altera非常成熟的早期产品，Quartus可支持其开发，该软件为免费软件，读者可以在Altera官网下载相关软件。

使用Quartus进行FPGA设计，大体可以分为以下几个步骤。

1. 系统方案设计与设计代码编写。

2. 新建Quartus设计工程。

3. 与顶层模块端口信号对应的FPGA管脚位置约束。

4. 时序约束。

5. 设计工程编译、布局布线、生成下载文件。

6. 加载下载文件到FPGA，并进行调试。

本书没有对Quartus的相关操作及时序约束进行详细介绍，因为本书内容是针对FPGA初学者的，并且在设计工程中将核心板上的12MHz晶振作为系统工作时钟，12MHz的时钟频率几乎不会带来时序问题。

2.5 LED常亮

本节用点亮一个LED来说明Quartus的基本操作。

2.5.1 LED常亮工程

本书第1章中代码1-1的功能是点亮一个共阳极连接的LED。

小脚丫MAX10核心板上一共有8个LED，代码2-1是将8个LED点亮的设计代码。可以将该设计模块保存为led_on.v，也可以保存为别的文件，比如step_lesson.v。

代码2-1：将8个LED点亮的设计代码

```
module step_lesson // led_on
  (
  output wire [7:0]   led_out
  );

  assign led_out[0+:4] = 4'h0 ;//8'hFF ;//8'b1010_1100 ;
  assign led_out[4+:4] = 4'h0 ;
endmodule
```

> 在编写代码的过程中应遵守Verilog代码规范。比如，模块名应与文件名相同。
> 并且，模块名最好能反映模块的基本功能。比如代码2-1的功能是点亮8个
> LED，可以命名为led_on、led_en或led8_en等。
> 因为这个模块是整个工程的顶层模块，所以可以把该模块命名为step_
> lesson。本书后文全部工程都把顶层模块命名为step_lesson。

2.5.2 Quartus的操作

在Quartus中新建一个FPGA工程，并设置正确的器件信息。将led_on.v导入设计工程，编译后完成FPGA管脚位置约束。

管脚位置约束是为了完成FPGA顶层模块的端口信号与FPGA器件的物理管脚的映射，所以FPGA的管脚位置约束必须与对应的硬件设计结果一致。可以从STEP-MAX10硬件手册中查询8个LED对应的FPGA管脚信息，图2-8所示为硬件手册部分内容。图2-8中给出了Quartus的管脚位置约束界面的显示情况，图中左侧为硬件手册中提供的管脚信息，比如LED1使用的是FPGA的N15管脚。可以看到，在右侧的Quartus的管脚约束界面中，对应的管脚名称加了"PIN_"前缀，led_out[0]用于控制LED1，其管脚信息为PIN_N15。

在Quartus工程目录下，扩展名为.qsf的文件中保存了FPGA工程中全部的设置结果，包括工程使用的芯片型号信息、工程的输入文件列表、软件中的各个选项设置结果、管脚位置约束等内容。

根据核心板的硬件设计，在完成step_lesson工程的管脚位置约束后，工程目录

下的step_lesson.qsf文件中将增加如下内容，这也可以作为管脚位置约束是否添加成功的检验标准。

```
set_location_assignment PIN_N15 -to led_out[0]
set_location_assignment PIN_N14 -to led_out[1]
set_location_assignment PIN_M14 -to led_out[2]
set_location_assignment PIN_M12 -to led_out[3]
set_location_assignment PIN_L15 -to led_out[4]
set_location_assignment PIN_K12 -to led_out[5]
set_location_assignment PIN_L11 -to led_out[6]
set_location_assignment PIN_K11 -to led_out[7]
```

动手练习

step_lesson.qsf是一个文本文件，读者可以尝试通过编辑该文件实现对设计工程的控制。比如参考其位置约束的格式，手动添加需要的管脚位置约束。还可以手动在该文件中添加需要的Verilog模块文件到设计工程中。如若在工程中使用了/src目录下的step_lesson.v，在.qsf文件中对应的内容为：
set_global_assignment -name VERILOG_FILE src/step_lesson.v

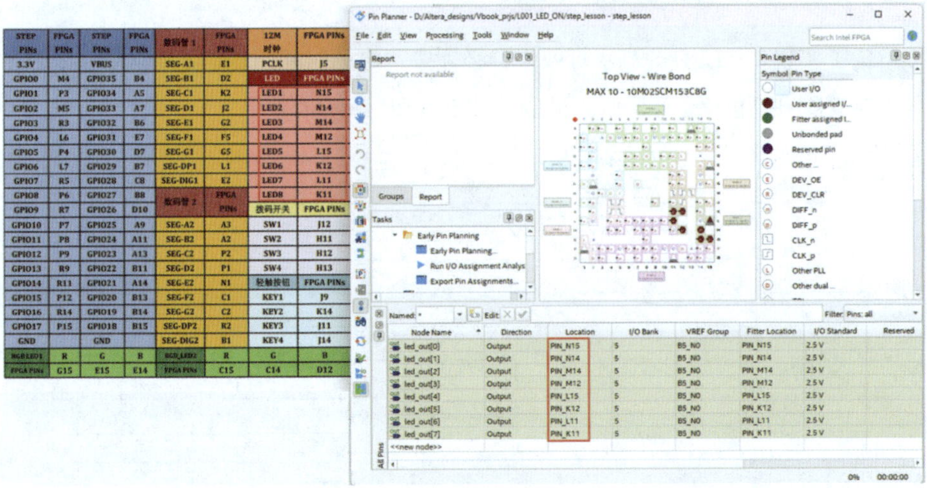

图 2-8

MAX10核心板的原理图表明，它搭载的8个LED采用的是共阳极连接方式，因此要把对应LED点亮，需要像代码2-1那样将对应的控制管脚驱动到低电平。

如果需要把其中一部分灯点亮，另外的灯保持熄灭的状态，可以参考代码2-1

中的注释，把对应LED的驱动信号设计为高电平。如果要制作流水灯的效果，也就是8个LED按顺序被点亮，并且一个LED被点亮时，其他LED均处于熄灭的状态，该如何实现呢？

请读者自己动手操作。

动手练习

2.6 时钟源的选择和使用

为了实现8个LED的流水灯效果，必须按一定的时间间隔T交替驱动一个LED的控制管脚到低电平，8个LED的驱动波形如图2-9所示。

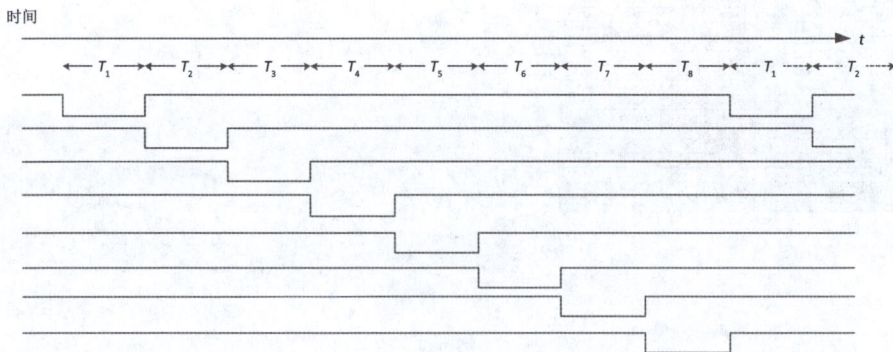

时间

图 2-9

在总长度为$T×8$的时间里，每个LED控制管脚的低电平时间长度均为T，其他时间均为高电平。如何用FPGA实现对时间长度T的控制？

时钟是同步系统的工作节拍器。第1章中给出的一些代码中有always @

（posedge clk, negedge rstn）等语句，其中的clk就是指系统工作的时钟。

FPGA的任何一个设计中，基本上都必须先选定要使用的时钟源。通常FPGA器件都会内置一个振荡器（Oscillator），但是该内置振荡器的精度一般都不高，因此绝大多数的设计中都会在FPGA外放置一个高精度晶振，将其产生的时钟信号输入FPGA以供使用。

MAX10器件内置了一个振荡器，小脚丫MAX10核心板上也搭载了一个12MHz晶振。

2.6.1 ▶ MAX10内置振荡器的使用

为了使用MAX10内置的振荡器，需要先在Quartus中产生OSC模块，然后在设计代码中例化该模块。

> 像FPGA中内置的振荡器这种功能单元，被称为FPGA内的硬核资源。FPGA常见的硬核资源除了振荡器外，还有锁相环（PLL）、延迟环（DLL）、块存储器（EBM或EMB），很多器件中还有I²C、SPI、高速收发器（比如SERDES）等。
>
> **要点提示**
>
> 要在设计中使用FPGA的硬核资源，通常的流程包括两步：第1步，在其集成开发环境（IDE）中先用指定工具产生该硬核的模块文件，输出的模块文件包含了对硬核的各种配置结果；第2步，在用户设计代码中，把产生的硬核模块当作普通设计模块例化。
>
> 当然，熟练的设计者可以不进行第1步，而直接参考FPGA厂家给出的硬核定义文件（比如用原语提供的硬核模块定义），在自己的设计模块中例化这些硬核模块。

一、在Quartus中产生内置OSC模块

在Quartus的【Tools】下拉菜单中选择【IP Catalog】，在弹出的列表中选择【Internal Oscillator】，如图2-10所示。

在弹出的【New IP Variation】对话框的【Entity name】中设置该内置OSC模块的名称为MAX10_OSC，如图2-11所示，在【Save in folder】中设置文件存放路径，单击【OK】按钮进入【Parameters】界面，在其中设置MAX10_OSC模块的参数。

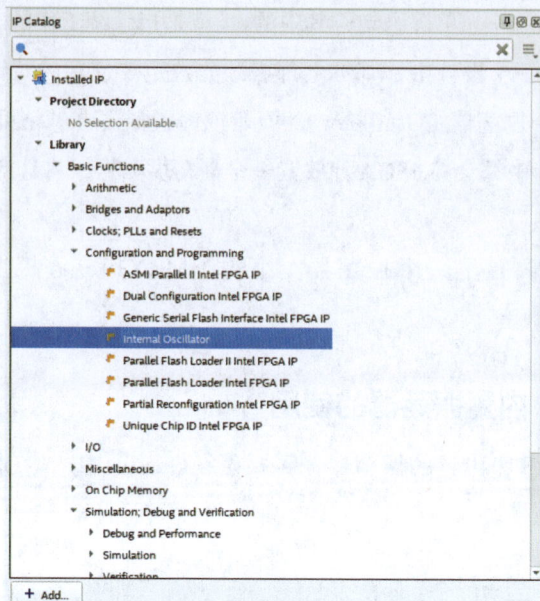

图 2-10

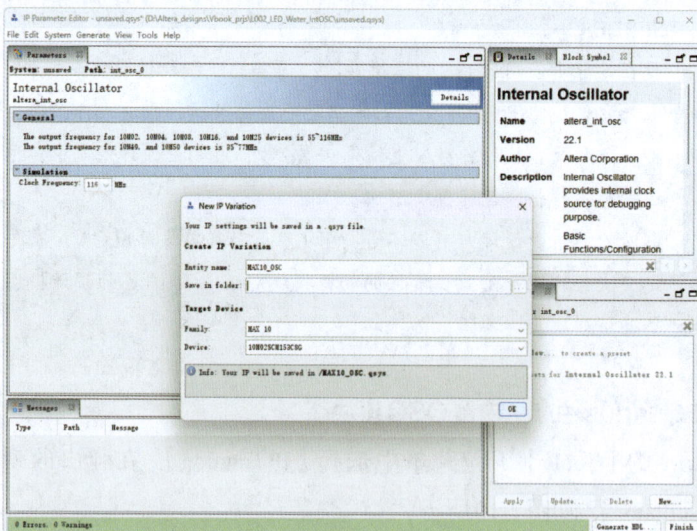

图 2-11

　　核心板上搭载的器件为 10M02，该内置振荡器有 55MHz、116MHz 两种输出频率可选，可以选择 55MHz（注意图中为 116MHz，实际选择为 55MHz）。

二、在设计工程中例化OSC模块

利用IP Catalog工具产生MAX10_OSC模块后，可以把它当作一个普通模块在设计工程中例化。需要注意的是，MAX10器件中只内置了一个OSC模块，所以不能在同一个设计工程中多次例化MAX10_OSC模块。

2.6.2 实现流水灯效果

如前所述，实现8个LED的流水灯效果本质上就是在$T \times 8$的时间内按顺序将8个LED的控制管脚拉低。如果设定T的时间为1s，MAX10_OSC模块配置的内置振荡器输出频率为55MHz，用该时钟产生时间为1s的脉冲，就需要55×10^6个时钟周期。为了后续设计的兼容性，将时间T定义为参数，参考代码2-2，直接在step_lesson模块中实现流水灯效果。

代码2-2：实现流水灯效果参考代码

```
module step_lesson    (
   output wire [7:0]   led_out );

/////////// Internal Signals
  wire oscena = 1 ;
  wire osc_clk   ;
  reg [31:0] clk_cnt ;
  reg [ 2:0] sec_cnt ;
    localparam TIME_1S = 55_000_000 ;

////// Internal OSC inst
MAX10_OSC int_osc_0 (
.oscena ( oscena ), // oscena.oscena
.clkout ( osc_clk ) // clkout.clk
);

always @ ( posedge osc_clk )
  if ( clk_cnt >= (TIME_1S-1) )
    clk_cnt <= 0 ;
  else
    clk_cnt <= clk_cnt + 1 ;

always @ ( posedge osc_clk )
```

```
    if ( clk_cnt >= (TIME_1S-1) )
       sec_cnt <= sec_cnt + 1 ;

/// output Drivers
  assign led_out[0] = (sec_cnt == 0) ? 1'b0 : 1'b1 ;
  assign led_out[1] = (sec_cnt == 1) ? 1'b0 : 1'b1 ;
  assign led_out[2] = (sec_cnt == 2) ? 1'b0 : 1'b1 ;
  assign led_out[3] = (sec_cnt == 3) ? 1'b0 : 1'b1 ;
  assign led_out[4] = (sec_cnt == 4) ? 1'b0 : 1'b1 ;
  assign led_out[5] = (sec_cnt == 5) ? 1'b0 : 1'b1 ;
  assign led_out[6] = (sec_cnt == 6) ? 1'b0 : 1'b1 ;
  assign led_out[7] = (sec_cnt == 7) ? 1'b0 : 1'b1 ;

endmodule
```

在 Quartus 中编译该工程后，将之加载到 MAX10 核心板的 FPGA 中，可以看到 8 个 LED 从 LED1 开始按顺序被依次点亮，LED8 熄灭之后 LED1 再继续亮起，一直循环。

代码 2-2 中的参数 TIME_1S 表示希望设定每个 LED 亮起的时间为 1s。但是每个 LED 亮起的时间到底是多长呢？

可以利用逻辑分析仪抓取 LED 控制端的信号情况，检查该信号一个周期的时间，从而推导出 FPGA 内的时钟频率。或者把 FPGA 内部设计的 clk_cnt 信号的特定位输出到开发板上的测试点，然后用逻辑分析仪抓取信号分析。

将 clk_cnt[18] 从 LED1 的控制管脚输出，逻辑分析仪抓取的信号翻转情况如图 2-12 所示。

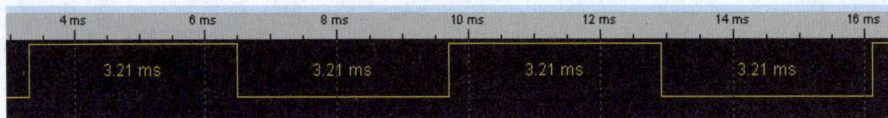

图 2-12

可以计算得到对应的时钟频率大约为 81.66MHz，这个值与 MAX10 规格书中给出的内置振荡器特性基本吻合，图 2-13 所示为 MAX10 规格书中的相关说明。

但是在产生该模块时，预期的时钟频率是 55MHz，所以将 TIME_1S 的值设置为 55_000_000。实际内置振荡器输出的频率大约为 82MHz，所以每个 LED 亮起的时间 T 不足 1s。

Table 32. Internal Oscillator Frequencies for Intel MAX 10 Devices

You can access to the internal oscillator frequencies in this table. The duty cycle of internal oscillator is approximately 45%-55%.

Device	Frequency			Unit
	Minimum	Typical	Maximum	
10M02	55	82	116	MHz
10M04				
10M08				
10M16				
10M25				
10M40	35	52	77	MHz
10M50				

图 2-13

因此，使用FPGA内置振荡器作为系统工作时钟时，需要注意如下两点。

- 时钟精度较差。
- 时钟的占空比不一定是50%。

如果一个设计对时钟精度或者占空比有要求，则必须从FPGA外部接入高精度的时钟源。

2.6.3 用板载高精度晶振作为时钟源

MAX10核心板的12MHz晶振为单端时钟源，从管脚J5接入FPGA。在FPGA顶层模块的端口列表中增加该输入时钟的信号声明（clkin）后，需要在管脚位置约束时把它约束到管脚J5上。

如果依然保持每个LED亮起的时间T为1s，由于clkin的频率变为12MHz，则需要计数12×10^6个周期，同样把该时间长度定义为参数，以便后续修改和维护。

把8个LED分为两组，每组4个LED，分别用内置振荡器、12MHz输入时钟作为工作时钟，通过流水灯的显示效果直观比较内置振荡器与外部输入晶振的频率差异。

完整代码参考代码2-3，为了与代码2-2进行比较，新增加的代码部分以粗体字表示，进行了更改的代码部分以斜体字表示。

代码2-3：流水灯参考代码

```
module step_lesson    (
    input wire      clkin  ,//新增代码
    input wire [3:0]  KEYIN ,//新增代码
    output wire [7:0]  led_out );
```

```
////////// Internal Signals
  wire oscena = 1 ;
  wire osc_clk   ;
  reg [31:0] clk_cnt ;
  reg [ 2:0] sec_cnt ;
    localparam TIME_1S = 55_000_000 ;

  ////// Internal OSC inst
  MAX10_OSC int_osc_0 (
  .oscena ( oscena ), // oscena.oscena
  .clkout ( osc_clk ) // clkout.clk
  );

  always @ ( posedge osc_clk )
    if ( clk_cnt >= (TIME_1S-1) )
      clk_cnt <= 0 ;
    else
      clk_cnt <= clk_cnt + 1 ;

  always @ ( posedge osc_clk )
    if ( clk_cnt >= (TIME_1S-1) )
      sec_cnt <= sec_cnt + 1 ;

  localparam TIMEin_1S = 12_000_000 ;
  reg [31:0] clkin_cnt ;
  reg [ 2:0] secin_cnt ;
  always @ ( posedge clkin )
    if ( clkin_cnt >= (TIMEin_1S-1) )
      clkin_cnt <= 0 ;
    else
      clkin_cnt <= clkin_cnt + 1 ;

  always @ ( posedge clkin )
    if ( clkin_cnt >= (TIMEin_1S-1) )
      secin_cnt <= secin_cnt + 1 ;
/// output Drivers
  assign led_out[0] = (sec_cnt[1:0] == 0) ? 1'b0 : 1'b1 ;
  assign led_out[1] = (sec_cnt[1:0] == 1) ? 1'b0 : 1'b1 ;
  assign led_out[2] = (sec_cnt[1:0] == 2) ? 1'b0 : 1'b1 ;
  assign led_out[3] = (sec_cnt[1:0] == 3) ? 1'b0 : 1'b1 ;
  assign led_out[4] = (secin_cnt[1:0] == 0) ? 1'b0 : 1'b1 ;
```

```
assign led_out[5] = (secin_cnt[1:0] == 1) ? 1'b0 : 1'b1 ;
assign led_out[6] = (secin_cnt[1:0] == 2) ? 1'b0 : 1'b1 ;
assign led_out[7] = (secin_cnt[1:0] == 3) ? 1'b0 : 1'b1 ;


endmodule
```

编译该工程后，将产生的文件加载到FPGA中，可以看到LED5到LED8这一组流水灯的循环速度明显低于LED1到LED4这一组，这反映出FPGA内置振荡器输出的频率比预期的高。

在FPGA的学习过程中应不停地总结经验，比如FPGA的管脚位置约束最后都会保存在工程目录的某个文件中。对于Quartus，一个工程的输入文件、顶层模块的设定、包括管脚位置在内的各种管脚约束，都保存在工程目录下对应的QSF文件中。前述两个设计实现的MAX10工程的step_lesson.qsf中就有如下信息：

set_global_assignment -name DEVICE 10M02SCM153C8G

set_global_assignment -name TOP_LEVEL_ENTITY step_lesson

这正是该工程所使用的器件完整型号与设计工程顶层模块名。

要点提示

MAX10核心板除了12MHz的高精度晶振输入时钟外，还有4个按键输入、4个拨码开关输入、2位七段数码管输出、2个RGB LED输出等硬件资源链接。在FPGA设计工程需要这些硬件资源时，可以通过编辑step_lesson.qsf的方式来实现管脚位置约束。比如12MHz的时钟输入、4个按键输入，在顶层模块step_lesson的端口列表中分别命名为clkin、KEYIN后，可以不用再打开【Pin Planner】工具，在step_lesson.qsf中添加如下语句，就可以实现管脚位置约束：

set_location_assignment PIN_J5 -to clkin

set_location_assignment PIN_J9 -to KEYIN[0]

set_location_assignment PIN_K14 -to KEYIN[1]

set_location_assignment PIN_J11 -to KEYIN[2]

set_location_assignment PIN_J14 -to KEYIN[3]

2.6.4 高手进阶：FPGA IP使用方法

如前所述，在设计中想要使用FPGA内置振荡器时，需要先用对应工具产生该振荡器的IP（Intellectual Property，知识产权）模块，然后再在设计中例化该IP模块。当设计者对FPGA的了解达到一定程度后，对于FPGA内自带硬件资源的IP（比如振荡器、PLL、DLL等），可以采用直接在设计代码中例化这些硬件IP原语的方式。

比如代码2-2中例化MAX10_OSC的地方，可以直接替换为如下代码：

```
MAX10_OSC int_osc_0 (
.oscena ( oscena ),
.clkout ( osc_clk )
    );
```

```
fiftyfivenm_oscillator # (
    .device_id("02"),
    .clock_frequency("55")
) oscillator_MAX10 (
    .clkout(osc_clk),
    .clkout1(),
    .oscena(oscena));
```

这样就不需要先用IP Catolog工具产生MAX10_OSC模块了。当然，这需要设计者对指定FPGA的内部资源非常熟悉，并且还必须知道这些内部资源对应的原语及其用法。

2.7 LED高级灯效控制设计

前面通过LED流水灯的实现说明了FPGA内置振荡器的基本使用方法以及Quartus的一些基本操作，本节对LED高级灯效控制设计进行进一步说明。

2.7.1 LED闪烁效果的实现

调整LED点亮和熄灭的时间间隔，就可以实现普通的闪烁效果。

请读者自己动手操作。

动手练习

若要实现最简单的LED闪烁效果，可以对时钟周期进行计数，用计数器的特定位直接驱动LED，参考代码2-4。可以把这种计数器称为自由计数器，其特点是每一位的翻转都发生在所有更低位从全1变为全0时，所以这种计数器每一位的高电平时长与低电平时长是相等的，并且都是低一位的两倍时间长度。所以，这相当于用一个方波驱动LED，LED熄灭和点亮的时间相同，从而实现闪烁效果。当然，方波信号的频率必须控制恰当。当方波信号频率过高时，由于人眼视觉暂留效应，闪烁效果就会变成LED常亮了。

代码2-4：8个LED不同闪烁频率的参考代码

```
module step_lesson    (
   input wire    clkin ,
   input wire [3:0]  KEYIN ,
   output wire [7:0]  led_out );

  reg [31:0] clk_cnt ;
  always @ ( posedge clkin )
   clk_cnt <= clk_cnt + 1 ;

/// output Drivers
  assign led_out[0] = clk_cnt[14] ;
  assign led_out[1] = clk_cnt[15] ;
  assign led_out[2] = clk_cnt[16] ;
  assign led_out[3] = clk_cnt[17] ;
  assign led_out[4] = clk_cnt[18] ;
  assign led_out[5] = clk_cnt[19] ;
  assign led_out[6] = clk_cnt[20] ;
  assign led_out[7] = clk_cnt[21] ;

endmodule
```

自由计数器第14位的高电平时长与低电平时长都是2^{14}（16384）个时钟周期。时钟为12MHz晶振，所以其高电平时长与低电平时长大约为1.365ms。

小脚丫的MAX10核心板搭载的是红色LED。把代码2-4的设计烧录到FPGA中后进行测试，能明显感觉这时各个LED都比较刺眼。有什么方法能让LED变亮时不那么刺眼吗？

LED是电流驱动型元器件，其显示时除了两极间要达到一定的电压差外，还需要为其提供一定电流，电流的大小决定了LED的亮度。因此，为了让LED点亮时不那么刺眼，一种方式是考虑降低FPGA输出信号的电流驱动强度。

通常，FPGA的GPIO可以设置多种电气属性，包括电气标准（比如LVTTL、CMOS、LVDS等）、驱动电流强度（Current Strength）、电压转换速率（Slew Rate）等。FPGA的GPIO驱动电流设置是指设置两种情况下这些GPIO上的电流值：当GPIO输出高电平时，FPGA能提供的最大电流；在输出低电平时，能支持的最大灌电流。根据各个FPGA的特性以及设置的电气标准，FPGA GPIO能设置的驱动电流强度会有所不同，常见的有2mA、4mA、6mA、8mA，甚至16mA、20mA等。MAX10能设置的最小驱动电流强度是2mA。

MAX10核心板搭载的红色LED点亮时，实测其两极间压降为2.02V，则在1kΩ的上拉电阻器上的压降为1.28V，从而可以计算得到通过LED的电流为1.28mA，小于FPGA的最小驱动电流。所以，通过设置FPGA对应管脚的驱动电流强度并不能改变LED的亮度。

> 如果要通过FPGA的管脚电流强度来改变LED的亮度，要使用什么样的方案？
>
> 采用LED共阴极连接方式，通过FPGA输出高电平控制LED点亮，是否可行？

2.7.2 LED亮度调节的实现

还有一种方式可以降低LED的亮度，即利用面积等效原理，调节驱动LED的控制信号有效的时间宽度。

这样可以保持LED驱动信号的周期不变，但减少LED被点亮的时间，只要频率恰当，就可以降低LED的亮度。

> 读者可以尝试编写8个LED驱动信号的周期不变，但驱动时间减少的代码。

代码2-4中的assign led_out[0] = clk_cnt[14]就是指用计数器clk_cnt的第14位驱动LED，这也是最后硬件实现的结果。其本质是计数器clk_cnt[14:0]的计数范围为0～32767，取值为0～16383时输出低电平，取值为16384～32767时输出高电平。

由于LED采用共阳极连接方式，输出低电平时LED被点亮，所以可以按如下方式修改：

assign led_out[0] = clk_cnt[14:0] > 20 ;

代码2-5是实现8个LED以不同亮度显示的参考代码。

代码2-5：8个LED以不同亮度显示的参考代码

```
module step_lesson    (
   input wire    clkin ,
   input wire [3:0]  KEYIN ,
   output wire [7:0]  led_out );

localparam PULSE_WIDTH = 1000 ;
reg [31:0] clk_cnt ;
reg [7:0] led_level ;
always @ ( posedge clkin )
  clk_cnt <= clk_cnt + 1 ;

always @ ( posedge clkin )
 begin
  led_level[0] <= clk_cnt[15:0] > PULSE_WIDTH * 1 ;
  led_level[1] <= clk_cnt[15:0] > PULSE_WIDTH * 2 ;
  led_level[2] <= clk_cnt[15:0] > PULSE_WIDTH * 4 ;
  led_level[3] <= clk_cnt[15:0] > PULSE_WIDTH * 8 ;
  led_level[4] <= clk_cnt[15:0] > PULSE_WIDTH * 16 ;
  led_level[5] <= clk_cnt[15:0] > PULSE_WIDTH * 32 ;
  led_level[6] <= clk_cnt[15:0] > PULSE_WIDTH * 64 ;
  led_level[7] <= clk_cnt[15:0] > PULSE_WIDTH * 128 ;
 end

/// output Drivers
  assign led_out[0] = led_level[0] ;
  assign led_out[1] = led_level[1] ;
  assign led_out[2] = led_level[2] ;
  assign led_out[3] = led_level[3] ;
  assign led_out[4] = led_level[4] ;
```

```
    assign led_out[5] = led_level[5] ;
    assign led_out[6] = led_level[6] ;
    assign led_out[7] = led_level[7] ;

    endmodule
```

代码2-5中，8个LED的驱动信号具有相同的周期。因为是对自由计数器clk_cnt[15:0]的值进行判断，所以计数器的周期为2^{16}（65536）个时钟周期（MAX10核心板上搭载的晶振频率为12MHz，所以这些LED驱动信号的周期为5.46ms）。每个LED控制信号的低电平信号宽度是前一个LED的两倍。把代码2-5的设计结果烧录到核心板上，可以看到8个LED的亮度逐渐增加，并且是稳定显示的状态，各个LED不会闪烁。

基于目前这些结果，可以对LED的显示情况进行总结，如图2-14所示：当LED采用共阳极连接方式时，用FPGA GPIO输出信号控制LED的阴极，FPGA持续输出高电平时LED不亮；FPGA输出低电平时，LED被点亮；当FPGA输出的PWM为方波信号时，如果PWM的频率足够低（比如图中所示的0.5Hz）则LED闪烁；如果PWM信号频率较高，则LED常亮。

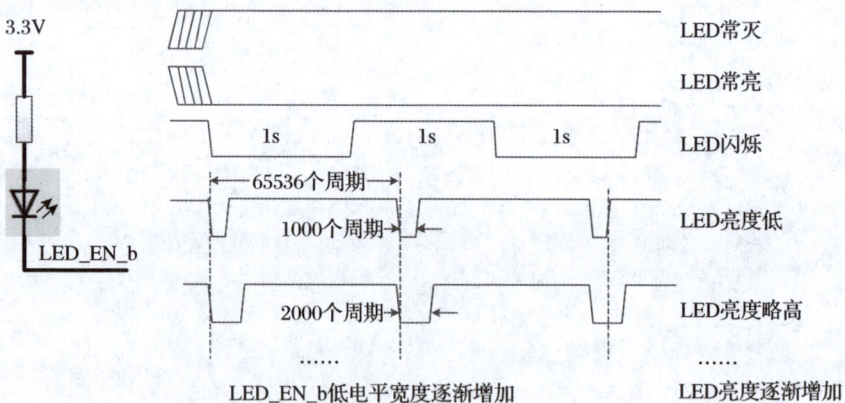

图2-14

当PWM信号频率合适、LED能稳定显示时，改变驱动信号的有效电平宽度（有效电平是高还是低，取决于LED是共阴极连接还是共阳极连接）能调整LED的显示亮度。这也被称为调光（Dimming）功能。

2.7.3 实现呼吸灯效果

实现呼吸灯效果需要考虑的因素有很多。比较简单的呼吸灯效果可以通过在LED两极之间施加三角波实现。根据面积等效原理，三角波对应的电压可以用一定频率的PWM波形来替代。参考图2-15，把呼吸一次设定为2s，如果把三角波上升部分均分为N等份，每一等份的方波宽度比上一份多$1/N$，相当于把1s均分为$N \times N$份。

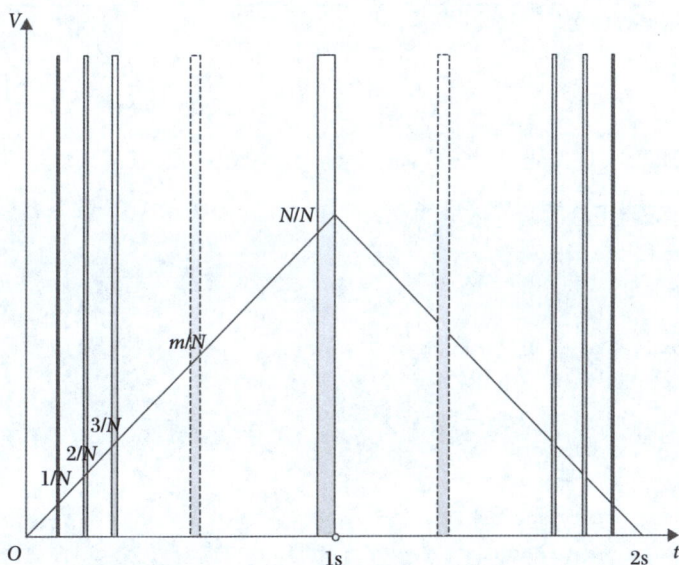

图 2-15

MAX10核心板上搭载的晶振频率为12MHz，即1s包含12×10^6个时钟周期，可以计算得到N=3464。为了方便实现，采用N=4096，这样LED亮度增加、降低过程的时长约为1.398s（$4096 \times 4096/12 \times 10^6$）。

因此，实现LED呼吸灯效果的设计就转换为生成4096个时钟周期的PWM波形，该PWM波形序列每个周期的占空比比上一周期大$1/4096$，如图2-16所示。

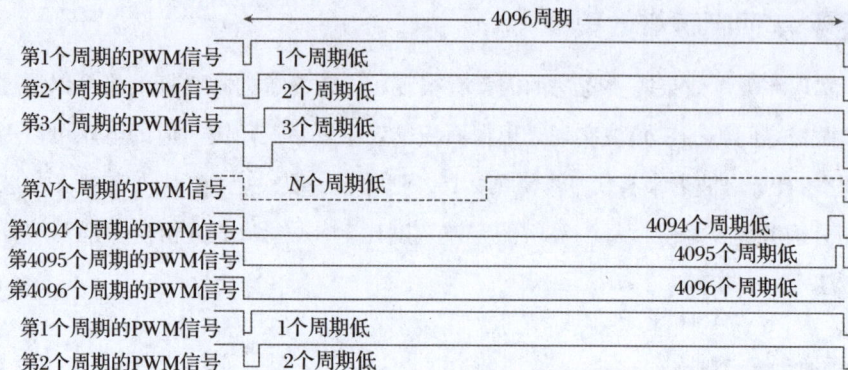

第1个周期的PWM信号 — 1个周期低
第2个周期的PWM信号 — 2个周期低
第3个周期的PWM信号 — 3个周期低

第N个周期的PWM信号 — N个周期低
第4094个周期的PWM信号 — 4094个周期低
第4095个周期的PWM信号 — 4095个周期低
第4096个周期的PWM信号 — 4096个周期低
第1个周期的PWM信号 — 1个周期低
第2个周期的PWM信号 — 2个周期低

4096周期

图 2-16

Verilog HDL 实现代码可以参考代码2-6。

代码2-6：实现LED呼吸灯效果的参考代码

```verilog
module step_lesson    (
   input wire      clkin ,
   input wire [3:0]  KEYIN ,
   output wire [7:0]  led_out );

 reg [31:0] clk_cnt ;
 localparam COMP_SIZE = 12 ;
 always @ ( posedge clkin )
   clk_cnt <= clk_cnt + 1 ;

 reg led_off ;
 always @ ( posedge clkin )
   led_off <= clk_cnt[0+:COMP_SIZE] > clk_cnt[COMP_SIZE+: COMP_SIZE] ;

/// output Drivers
 assign led_out[0] = clk_cnt[COMP_SIZE*2] ? led_off : !led_off ;
 assign led_out[1+:7] = {7{1'b1}} ;

endmodule
```

2.7.4 高手进阶：模块化设计方法

代码 2-6 设计的 PWM 波形能够用于实现 LED 的呼吸灯效果，但是这个模块的通用性不强，它只是针对 12MHz 晶振输入的特定设计。可以专门设计一个模块，用于产生任意频率、任意占空比的 PWM 信号。在图 2-16 中，把一个 PWM 信号的周期设置为 4096 个时钟周期，高电平宽度可以为 0 到 4096 个周期。参考这样的做法，可以将任意占空比的 PWM 信号的设计需求转化为在 PERIOD 个时钟周期内，输出 DUTY 个周期的高电平信号，其余（PERIOD−DUTY）个时钟周期输出低电平信号，这样，输出 PWM 信号的占空比为 DUTY/PERIOD × 100%。

> 请读者尝试编写任意占空比 PWM 波形的代码。
>
> 动手练习

参考图 2-17，可以设计一个计数器，重复产生 0 到 PERIOD−1 的值，在计数器为 0、1……DUTY−1 这些值时输出高电平信号即可。

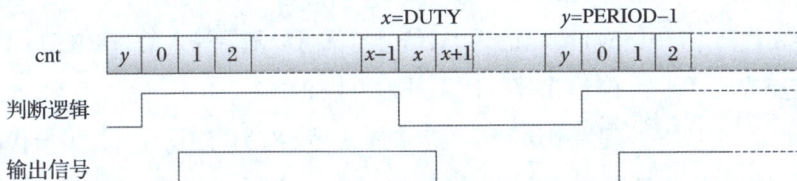

图 2-17

代码 2-7 是一种设计实现方法，它输出的 pwm_out 信号是典型的 PWM 信号，其周期为 PERIOD 个时钟周期，占空比为 DUTY/PERIOD × 100%。

代码 2-7：任意占空比 PWM 波形实现参考代码（端口方式）

```
module pwm_gen # ( parameter WIDTH = 8 ) (
    output wire             pwm_out ,
    input wire [WIDTH-1:0] PERIOD ,
    input wire [WIDTH-1:0] DUTY   ,
    input wire             clk    ,
    input wire             rstn
```

```
    ) ;
/////////// Internal Signal
  reg [WIDTH-1:0] cnt ;
  reg        duty_H ;
  always @ ( posedge clk , negedge rstn )
    if (!rstn)
      cnt <= 0 ;
    else if ( cnt >= (PERIOD-1) ) // PERIOD cycles repeating
      cnt <= 0 ;
    else
      cnt <= cnt + 1 ;
  always @ ( posedge clk , negedge rstn )
    if (!rstn)
      duty_H <= 0 ;
    else
      duty_H <= ( cnt < DUTY ) ; // DUTY cycles' High

/// output Drivers
  assign pwm_out = duty_H ;

endmodule
```

在代码2-7中，pwm_out的PWM信号特征可以随着输入的PERIOD、DUTY的
改变而改变。如果PWM信号在使用过程中PERIOD、DUTY保持不变，也可以把
PERIOD、DUTY处理为模块的参数，参考代码2-8的详细设计，为了与代码2-7区
分开，把模块命名为pwm_gen_param。读者也可以通过这两个模块的设计掌握参
数的用法。

代码2-8：任意占空比PWM波形实现参考代码（参数化方式）

```
module pwm_gen_param # (
        parameter WIDTH = 8 ,
        parameter PERIOD = 100 ,
        parameter DUTY = 20
        ) (
    output wire        pwm_out ,
    input  wire        clk   ,
    input  wire        rstn
    );
/////////// Internal Signal
```

```
  reg [WIDTH-1:0] cnt ;
  reg       duty_H ;
  always @ ( posedge clk , negedge rstn )
    if (!rstn)
      cnt <= 0 ;
    else if ( cnt >= (PERIOD-1) ) // PERIOD cycles repeating
      cnt <= 0 ;
    else
      cnt <= cnt + 1 ;
  always @ ( posedge clk , negedge rstn )
    if (!rstn)
      duty_H <= 0 ;
    else
      duty_H <= ( cnt < DUTY ) ; // DUTY cycles' High

/// output Drivers
  assign pwm_out = duty_H ;

endmodule
```

2.8 PWM模块的应用

模块化的设计方法让同一个功能开发完成后可以多次复用，从而节省系统开发时间，有效缩短开发周期。基于代码2-7、代码2-8的PWM模块，可以重新设计实现前述的各种LED灯效。代码2-9是基于小脚丫的MAX10核心板设计的如下LED灯效。

8路LED实现柱状图效果：8个LED的亮度逐渐增加。

2个RGB LED：其中一个按红色、绿色、蓝色的顺序循环闪烁，另一个为白色的闪烁效果。

代码2-9：使用PWM模块实现各种LED灯效

```
module step_lesson   (
    input wire     clkin   ,
    input wire [3:0]  KEYIN  ,
    output wire [2:0]  RGB_led1 ,
```

071

```verilog
   output wire [2:0]  RGB_led2 ,
   output wire [7:0]  led_out
   ) ;


wire rstn = 1 ;
reg [31:0] clk_cnt ;
reg led_off ;
 localparam COMP_SIZE = 12 ;

wire dirction = clk_cnt[COMP_SIZE*2] ;
wire led_breathing = dirction ? led_off : !led_off ;

always @ ( posedge clkin )
  clk_cnt <= clk_cnt + 1 ;

always @ ( posedge clkin )
  led_off <= clk_cnt[0+:COMP_SIZE] > clk_cnt[COMP_SIZE+:COMP_SIZE] ;

wire RGB_switch = clk_cnt[25] ;
wire RGB_switch_pedge ;
wire RGB_switch_nedge ;
pulse_det RGB_switch_edger (
 /*output wire */.sig_pedge ( RGB_switch_pedge ) ,
 /*output wire */.sig_nedge ( RGB_switch_nedge ) ,
 /*input  wire */.sig_in   ( RGB_switch   ) ,
 /*input  wire */.clk    ( clkin    ) ,
 /*input  wire */.rstn    ( rstn    )
 ) ;

// RGB 1s timer
reg [1:0] led_index ;
 wire timer_inc_en = RGB_switch_pedge ;
always @ ( posedge clkin )
  if ( timer_inc_en & led_index >= 2'd2 )
    led_index <= 0 ;
  else if ( timer_inc_en )
    led_index <= led_index + 2'b1 ;

// 1/4096 PWM
wire [7:0] pwm_gen ;
```

```
 wire [16*8-1:0] duty = {16'd6,16'd12,16'd25,16'd51,
16'd102,16'd204,16'd409,16'd614} ;
 pwm_gen # (
  .WIDTH ( 16 )
  ) pwmxx_gen[7:0] (
  /*output wire */.pwm_out ( pwm_gen ) ,
  /*input wire */.PERIOD ( 16'd4096 ) ,
  /*input wire */.DUTY  ( duty  ) ,
  /*input wire */.clk   ( clkin  ) ,
  /*input wire */.rstn  ( 1'b1   )
  ) ;

/// output Drivers
 assign led_out[0+:8] = ~pwm_gen ;

 assign RGB_led2[0+:3] = {3{led_breathing}} ;
 assign RGB_led1[0]  = led_index == 0 ? clk_cnt[23] : 1 ;
 assign RGB_led1[1]  = led_index == 1 ? clk_cnt[23] : 1 ;
 assign RGB_led1[2]  = led_index == 2 ? clk_cnt[23] : 1 ;

endmodule
```

> **要点提示** 开发板上的LED采用共阳极连接方式，而PWM模块输出的信号是高电平有效，所以要对产生的PWM信号进行取反再驱动LED。

2.9 Quartus 常见问题说明

读者在Quartus中进行实际操作时，可能会遇到一些问题，本节对部分可能出现的问题进行简单说明。

2.9.1 【Pin Planner】窗口中没有列出端口信号

在Quartus中新建工程后，在菜单中单击 图标，打开的【Pin Planner】窗口底部没有列出 led_on[0] 等端口信号。

这种情况多半是因为工程还没有进行编译。可以参考图2-18，在图中标注①的方框内有3个图标，单击其中任意一个图标后再次打开【Pin Planner】窗口，就能看到顶层模块的端口信号列表了。

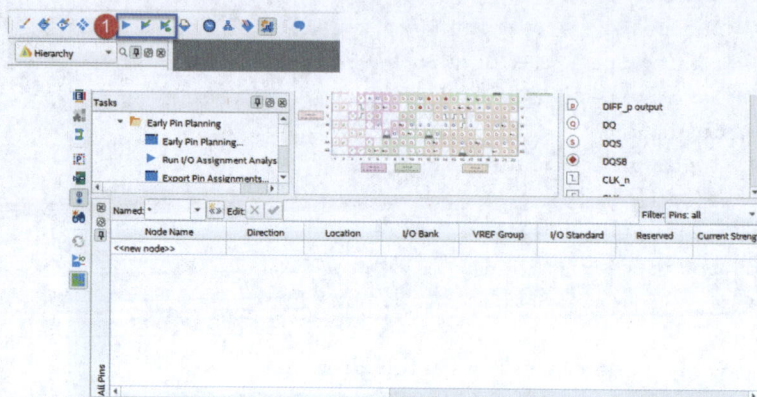

图2-18

2.9.2 工程编译、分析不通过

有些情况下，执行上述编译（Start Compilation）或者分析（Start Analysis）过程，Quartus会报错。

发生这种情况，除了可能是设计代码中有语法错误外，还有可能是设置了错误的工程顶层模块名。在Quartus工程界面的【Assignments】下拉菜单中选择【Settings】命令，在打开的【Settings】窗口中检查工程的顶层模块名，如图2-19所示。

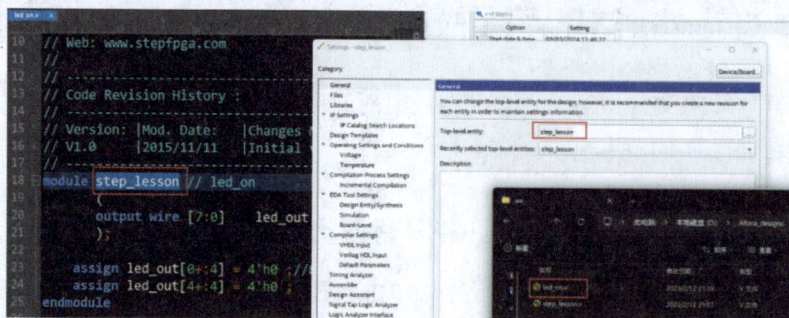

图2-19

在【General】界面中，将【Top-level entity】设置为【step_lesson】。

要点提示 产生这个问题有可能是因为把模块所在的文件命名为led_on.v，但是其中的模块名却是step_lesson。因此要遵循Verilog代码规范：（1）一个模块使用一个文件；（2）文件名与模块名一致。

2.10 小结

本章结合一些实际操作，完成了对如下内容的说明。

- LED工作原理。
- PWM及其实现方法。
- LED常见灯效及其实现方法。
- FPGA内置振荡器的使用方法。
- PWM波形产生的基本方法。
- FPGA的管脚约束方法。

第**3**章

PWM控制蜂鸣器

3.1 声音和国际标准音高

我们被各种声音环绕。声音的本质是物体振动产生的一种波，这种波通过一定的介质传播到我们耳朵中从而被感知。钢琴能发声，也是由于按下琴键时，其中的机械装置促使一个小锤敲打紧绷的琴弦产生振动，不同琴弦振动发出不同的声音。图3-1所示为一台标准的88键钢琴琴键对应的音符，可以看到钢琴的音域特别宽。

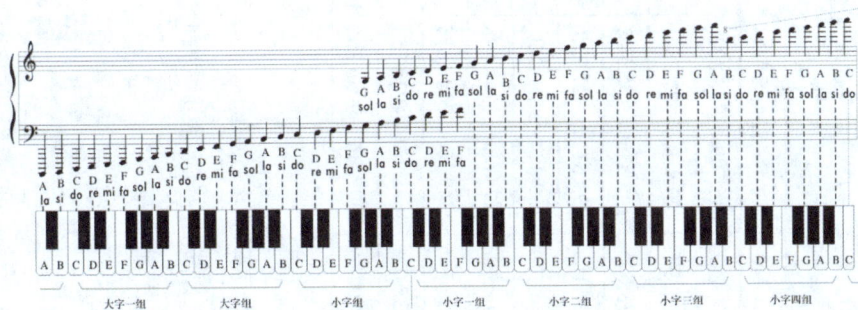

图 3-1

以前，世界各地的音高标准其实都是不一样的，后来才统一把440Hz作为国际标准音高，称其为a1，对应88键钢琴键盘的小字一组中的A键。

以a1为基准定义的国际标准音高频率如表3-1所示。

表3-1

音符	C (do)	C#/Db	D (re)	D#/Eb	E (mi)	F (fa)	F#/Gb	G (so)	G#/Ab	A (la)	A#/Bb	B (si)
八度0	16.352	17.324	18.354	19.446	20.602	21.827	23.125	24.500	25.957	27.501	29.136	30.868
八度1	32.704	34.649	36.709	38.892	41.204	43.655	46.250	49.001	51.914	55.001	58.272	61.737
八度2	65.408	69.297	73.418	77.784	82.409	87.309	92.501	98.001	103.829	110.003	116.544	123.474
八度3	130.816	138.595	146.836	155.567	164.818	174.618	185.002	196.002	207.657	220.005	233.087	246.947
八度4	261.632	277.189	293.672	311.135	329.636	349.237	370.003	392.005	415.315	440.010	466.175	493.895
八度5	523.264	554.379	587.344	622.269	659.271	698.473	740.007	784.010	830.629	880.021	932.350	987.790
八度6	1046.528	1108.758	1174.688	1244.538	1318.542	1396.947	1480.013	1568.019	1661.258	1760.042	1864.699	1975.580
八度7	2093.056	2217.515	2349.376	2489.076	2637.084	2793.893	2960.027	3136.039	3322.517	3520.084	3729.398	3951.160
八度8	4186.112	4435.031	4698.751	4978.153	5274.169	5587.787	5920.053	6272.077	6645.034	7040.168	7458.797	7902.319
八度9	8372.224	8870.062	9397.502	9956.306	10548.337	11175.573	11840.106	12544.155	13290.068	14080.335	14917.594	15804.639

由表3-1可知以下信息。

（1）该表中最低频率为16.352Hz。

（2）如果把当前音高对应频率表示为$f(n)$，其下一个音高的频率表示为$f(n+1)$，则两个音高的频率之间有如下关系：

$$f(n+1) = f(n) \times 2^{(1/12)}$$

这可以推导出如下关系式：

$$f(n+12) = f(n) \times 2。$$

所以，在表3-1中，每一单元格中的频率正好是上一行对应列频率的两倍。

表3-1中，"八度"值为4的这一行的音高就是通常所说的低音段，而"八度"值为5、6的行的音高则分别对应中音段和高音段。

3.2 蜂鸣器及其控制概述

蜂鸣器是一种一体化结构的电子声源器件，广泛应用于各种电子产品中。基于不同标准，蜂鸣器有多种分类方式。按照驱动方式可以分为有源蜂鸣器、无源蜂鸣器，按照构造方式可以分为压电式蜂鸣器、电磁式蜂鸣器，而按照封装方式则可以分为插针蜂鸣器、贴片蜂鸣器等。

小脚丫MAX10核心板匹配的培训底板上搭载了一个无源压电式蜂鸣器。图3-2所示为压电式蜂鸣器的典型结构及其发声原理，被高压极化后的压电陶瓷片粘贴在金属振动片上，被施加脉冲电压后，压电效应使得振动片发生机械变形及收缩，利用此特性使金属片振动而发出声响。

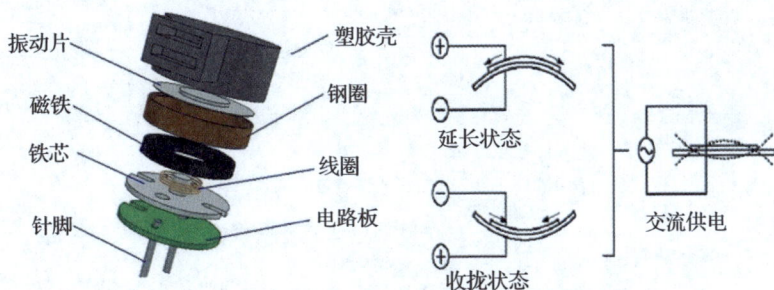

图 3-2

有源蜂鸣器必须施加脉冲信号才能发声，而无源蜂鸣器只需要施加电压就能发声。若需要蜂鸣器发出不同频率、不同音量的声音，需要给蜂鸣器施加特定的脉冲信号。

a1基准音为440Hz，使用第2章设计的PWM信号波形发生器输出440Hz的PWM波形驱动蜂鸣器，即可发出a1基准音，参考代码如代码3-1所示。

代码3-1：使用PWM信号产生a1基准音的参考代码

```
module step_lesson    (
    output wire    BEEPER ,
```

```
    output wire [2:0]   RGB_led1 ,
    output wire [2:0]   RGB_led2 ,
    output wire [7:0]   led_out ,
    input wire [3:0]   KEYIN  ,
    input wire      clkin
    );

wire rstn = 1 ;
// 440Hz PWM
wire pwm_beeper ;
wire [15:0] period = 27272 ;//12000000/440 ;
wire [15:0] duty  = 16'd4000 ;
pwm_gen # (
  .WIDTH ( 16 )
  ) pwm_gen (
  /*output wire */.pwm_out ( pwm_beeper ) ,
  /*input wire */.PERIOD ( 16'd4096 ) ,
  /*input wire */.DUTY  ( duty  ) ,
  /*input wire */.clk  ( clkin  ) ,
  /*input wire */.rstn  ( 1'b1  )
  );

/// output Drivers
  assign BEEPER = !pwm_beeper ;
  assign RGB_led2[0+:3] = {2'b11,!pwm_beeper} ;
  assign RGB_led1[0+:3] = 7 ;
  assign led_out    = 8'hFF ;

endmodule
```

用PWM波形驱动蜂鸣器时，PWM信号的频率决定了蜂鸣器输出声音的音调，PWM信号的占空比决定了蜂鸣器的音量。占空比越大，则音量越大。用驱动蜂鸣器的PWM信号同时驱动一个LED，可以看到蜂鸣器鸣叫与LED亮灭的对应关系。

> **要点提示** 用PWM信号驱动LED时，在一定频率下，PWM信号的占空比决定了LED的亮度。两者都是面积等效原理的体现。

3.3 蜂鸣器循环播放

用代码3-1产生的PWM信号驱动蜂鸣器时，由于蜂鸣器一直处于同一个频率的工作状态，所以只能听到蜂鸣器响起来了，无法准确区分音调。可以在两个音符之间适当加一些间隔，以便更好地区分蜂鸣器输出的音调。本节以蜂鸣器循环播放低音、中音、高音音符说明蜂鸣器驱动的基本方式。

3.3.1 节拍的控制

为简化设计，将每个音符输出时间定为250ms，即每秒输出4个音符。继续使用12MHz晶振作为工作时钟，则输出每个音符使用的时钟周期是3×10^6，该数据对应的十六进制数0x2D_C6C0，所以用来计算节拍的计数器的位宽不能低于22位。

3.3.2 占空比的设置

如前所述，蜂鸣器发出声音的音调由驱动的PWM信号频率决定，音量由PWM信号的占空比决定。不同频率的PWM信号需要占用的系统工作时钟周期数不同。如果使用12MHz晶振作为系统工作时钟，表3-2列出了低音、中音、高音各自7个音符一个PWM信号的周期需要的时钟周期数量。可以看到，为发出低音do，驱动蜂鸣器的PWM信号为261.632Hz，需要45865个时钟周期；而为发出高音si，需要的PWM信号为1975.580Hz，需要6074个时钟周期。作为一种设计演示，对蜂鸣器发出各个音符的音量并没有特定要求，所以可以设置驱动蜂鸣器的PWM信号高电平的时钟周期数为1000。

表3-2

音符	低音		中音		高音	
	频率/Hz	周期数	频率/Hz	周期数	频率/Hz	周期数
C（do）	261.632	45865	523.264	22932	1046.528	11466
D（re）	293.672	40861	587.344	20430	1174.688	10215
E（mi）	329.636	36403	659.271	18201	1318.542	9100
F（fa）	349.237	34360	698.473	17180	1396.947	8590
G（so）	392.005	30611	784.010	15305	1568.019	7652
A（la）	440.010	27272	880.021	13636	1760.042	6818
B（si）	493.895	24296	987.790	12148	1975.580	6074

3.3.3 ▶ 设计框图说明

除PWM波形发生器外,还需要设计一个蜂鸣器时序控制模块,它根据时间点产生与音符相对应的周期数信号,如图3-3所示。图中底部是控制蜂鸣器的pwm_out的波形大致情况,因为DUTY固定为1000,所以即使PWM信号的周期发生了变化,每个PWM信号的周期内高电平宽度还是相同的。但是产生各个音符的驱动信号的频率不同,所以其PWM信号的周期不同。图中的竖线代表从音符do切换到re时,PWM信号频率从261.632Hz增加到293.672Hz,pwm_out的PERIOD从45865降低到40861。

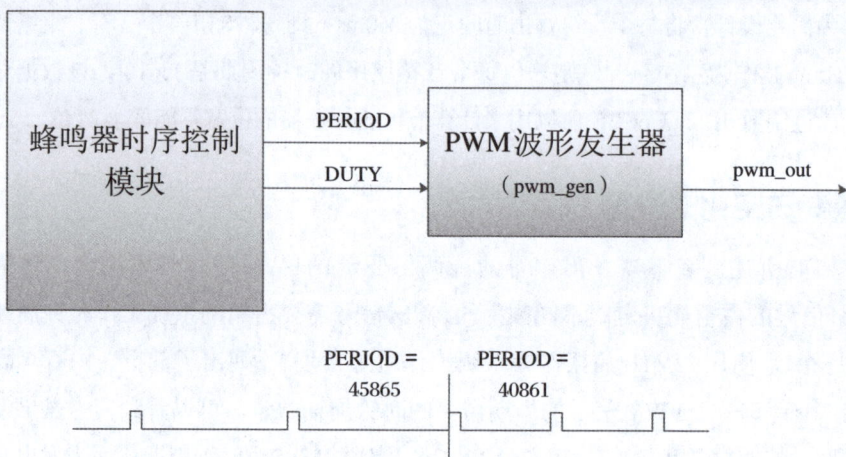

图 3-3

时序控制模块的功能是区分不同的时间段(slot),根据当前需要输出的音符,切换PWM信号的PERIOD到对应的值,如图3-4所示。

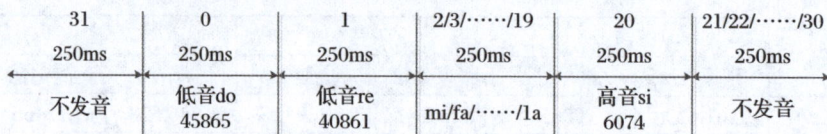

图 3-4

3.3.4 ▶ 模块设计说明

代码3-2是蜂鸣器时序控制模块的参考代码。

代码3-2：蜂鸣器时序控制模块（beeper_pattern）

```
module beeper_pattern # (
    parameter CLK_PERIOD   = 12000000 ,
    parameter WIDTH        = 16
    )   (
    output wire [WIDTH-1:0] PERIOD ,
    output wire [WIDTH-1:0] DUTY   ,
    input wire         clk    ,
    input wire         rstn
    );

    // 12M clk
    // 261.632Hz -- 45865 cyc = 'hB329

    // localparam
    localparam CYC_NUM_2S  = CLK_PERIOD*2 ;
    localparam CYC_NUM_MS250 = CLK_PERIOD/4 ; // 1/4

    localparam F_DO_L = 261_632 ; //261.632Hz DO of L
    localparam F_RE_L = 293_672 ; //293.672Hz RE of L
    localparam F_MI_L = 329_636 ; //329.636Hz MI of L
    localparam F_FA_L = 349_237 ; //349.237Hz FA of L
    localparam F_SO_L = 392_005 ; //392.005Hz SO of L
    localparam F_LA_L = 440_010 ; //440.010Hz LA of L
    localparam F_SI_L = 493_895 ; //493.895Hz SI of L

    localparam DO_L = 45865 ;//(CLK_PERIOD*1000) / F_DO_L ;
    localparam RE_L = 40861 ;//(CLK_PERIOD*1000) / F_RE_L ;
    localparam MI_L = 36403 ;//(CLK_PERIOD*1000) / F_MI_L ;
    localparam FA_L = 34360 ;//(CLK_PERIOD*1000) / F_FA_L ;
    localparam SO_L = 30611 ;//(CLK_PERIOD*1000) / F_SO_L ;
    localparam LA_L = 27272 ;//(CLK_PERIOD*1000) / F_LA_L ;
    localparam SI_L = 24296 ;//(CLK_PERIOD*1000) / F_SI_L ;

    localparam DO_M =  DO_L/2 ; //523.264Hz DO of M -- DO_L *2
    localparam RE_M =  RE_L/2 ; //587.344Hz RE of M
    localparam MI_M =  MI_L/2 ; //659.271Hz MI of M
    localparam FA_M =  FA_L/2 ; //698.473Hz FA of M
    localparam SO_M =  SO_L/2 ; //784.010Hz SO of M
    localparam LA_M =  LA_L/2 ; //880.021Hz LA of M
```

083

```
    localparam SI_M =  SI_L/2 ; //987.790Hz  SI of M

    localparam DO_H =  DO_M/2 ; // -- DO_M *2
    localparam RE_H =  RE_M/2 ; //
    localparam MI_H =  MI_M/2 ; //
    localparam FA_H =  FA_M/2 ; //
    localparam SO_H =  SO_M/2 ; //
    localparam LA_H =  LA_M/2 ; //
    localparam SI_H =  SI_M/2 ; //

/////////// Internal Signal

  reg [WIDTH-1:0] clk_cnt ;
  reg [15:0]    slot_cnt ;
  reg [WIDTH-1:0] slot_period ;
  reg [WIDTH-1:0] slot_duty ;

  always @ ( posedge clk , negedge rstn )
    if (!rstn)
      clk_cnt <= 0 ;
    else if ( clk_cnt == CYC_NUM_MS250 )
      clk_cnt <= 0 ;
    else
      clk_cnt <= clk_cnt + 1 ;

  always @ ( posedge clk , negedge rstn )
    if (!rstn)
      slot_cnt <= 0 ;
    else if ( clk_cnt == CYC_NUM_MS250 )
      slot_cnt <= slot_cnt + 1 ;

  always @ ( posedge clk , negedge rstn )
    if (!rstn)
      slot_period <= 0 ;
    else
      case ( slot_cnt[4:0] )
        5'd00 : slot_period <= DO_L ;
        5'd01 : slot_period <= RE_L ;
        5'd02 : slot_period <= MI_L ;
        5'd03 : slot_period <= FA_L ;
        5'd04 : slot_period <= SO_L ;
```

```
        5'd05 : slot_period <= LA_L ;
        5'd06 : slot_period <= SI_L ;
        5'd07 : slot_period <= DO_M ;
        5'd08 : slot_period <= RE_M ;
        5'd09 : slot_period <= MI_M ;
        5'd10 : slot_period <= FA_M ;
        5'd11 : slot_period <= SO_M ;
        5'd12 : slot_period <= LA_M ;
        5'd13 : slot_period <= SI_M ;
        5'd14 : slot_period <= DO_M ;
        5'd15 : slot_period <= RE_H ;
        5'd16 : slot_period <= MI_H ;
        5'd17 : slot_period <= FA_H ;
        5'd18 : slot_period <= SO_H ;
        5'd19 : slot_period <= LA_H ;
        5'd20 : slot_period <= SI_H ;
        default : slot_period <= 0 ;
    endcase

/// output Drivers

    assign PERIOD = slot_period ;
    assign DUTY  = 1000;

endmodule
```

由于低音段、中音段、高音段的各个音符的频率正好相差一倍，所以其PWM信号的周期也是两倍关系，对应的PWM信号的周期可以用参数除以2的方式得到。该模块的本质是实现一个查找表的功能。

代码3-3是实现蜂鸣器驱动的顶层模块设计。它例化了两个模块：beeper_pattern和pwm_gen。注意，由于工作过程中需要PWM信号的频率发生改变，不能使用将PWM信号的周期、占空比参数化的pwm_gen_param模块。因为其参数传递只能在设计代码被综合工具识别时生效，不能在模块工作过程中改变参数传递的值。

代码3-3：实现蜂鸣器驱动的顶层模块设计

```
module step_lesson    (
    output wire      BEEPER ,
    output wire [2:0]  RGB_led1 ,
```

```
    output wire [2:0]   RGB_led2 ,
    output wire [7:0]   led_out ,
    input wire [3:0]    KEYIN  ,
    input wire       clkin
    );

  wire rstn = 1 ;
// 440Hz PWM
  localparam WIDTH = 22 ;
  wire pwm_beeper ;
  wire [WIDTH-1:0] period ;
  wire [WIDTH-1:0] duty  ;

  beeper_pattern # (
    .CLK_PERIOD ( 12000000 ) , // = 12000000 ,
    .WIDTH    ( WIDTH  ) // = 16
    ) beeper_pattern (
    /*output wire [WIDTH-1:0] */.PERIOD ( period ) ,
    /*output wire [WIDTH-1:0] */.DUTY  ( duty ) ,
    /*input wire       */.clk  ( clkin ) ,
    /*input wire       */.rstn ( rstn )
    );

  pwm_gen # (
    .WIDTH ( WIDTH )
    ) pwm_gen (
    /*output wire       */.pwm_out ( pwm_beeper ) ,
    /*input wire [WIDTH-1:0] */.PERIOD ( period   ) ,
    /*input wire [WIDTH-1:0] */.DUTY  ( duty    ) ,
    /*input wire       */.clk  ( clkin   ) ,
    /*input wire       */.rstn  ( rstn    )
    );

/// output Drivers
  assign BEEPER = pwm_beeper ;
  assign RGB_led2 [0+:3] = {2'b11,!pwm_beeper} ;
  assign RGB_led1 [0+:3] = 7 ;
  assign led_out     = 8'hFF ;

endmodule
```

在模块的最后加入了板载LED的控制信号，这是因为这些驱动信号出现在了顶层模块的端口列表中，如果不对这些信号进行驱动，会导致上电后这些信号被驱动到低电平，从而让对应LED保持常亮。

3.4 高手进阶：模块的仿真

将代码3-2、代码3-3的设计下载到小脚丫培训板后会发现这样一个问题：前面的21个音符都正常播放，但是在重复播放低音do之前会出现多次"嘀嗒"的声音，而设计目标是在重复播放低音do之前保持静音。

该情况在21个音符正常播放之后出现，因此可以判定问题发生在slot_cnt的值为21到31之间。进一步分析设计代码，可以看到这期间slot_period的值为0，如图3-5所示。

```
113          5'd18 : slot_period <= SO_H ;
114          5'd19 : slot_period <= LA_H ;
115          5'd20 : slot_period <= SI_H ;
116          default : slot_period <= 0 ;
117      endcase
118
119  /// output Drivers
120
121      assign PERIOD = slot_period  ;
122      assign DUTY   = 1000;
123
```

图 3-5

在pwm_gen内部，处理PWM信号的周期的计数器cnt的位宽为WIDTH，其计数器的值从0开始，到PERIOD−1结束。当PERIOD为0时，cnt的计数周期从0开始到全部WIDTH的位为1结束。WIDTH为22时，cnt计数时钟数为2^{22}，而PWM的占空比DUTY一直为1000，相当于在2^{22}个时钟周期内，有1000（DUTY）个时钟周期pwm_out输出高电平，驱动蜂鸣器发出声音。

因为设计目标是在这时pwm_out上一直输出低电平信号，所以这可以认为是设计的一个功能故障。pwm_gen这个模块在实现LED灯效时并没有表现出任何故障，是因为没有出现PERIOD为0的情况。

那么如何在设计过程中更早、更快地发现设计缺陷呢？对设计代码进行功能仿真是一种有效的方式。

图3-6所示为一个仿真环境的基本结构，由此可见，为了进行仿真，在设计本体（DUT）之外加上了测试平台、测试激励，甚至还有测试结果处理的设计。

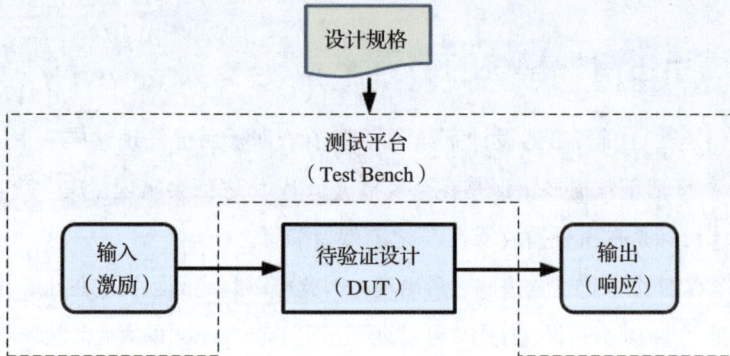

图 3-6

3.4.1 ▶ 规格定义：设定仿真目标

本小节用PWM模块pwm_gen的仿真来说明仿真需要注意的一些基本事项。需要把模块的仿真也当作一个系统进行设计。

首先需要确认的是仿真目标，也就是需要对哪些场景进行仿真。比如对于前面提到的pwm_gen模块在驱动蜂鸣器时声音播放异常的问题，通过对设计进行分析，已经知道可能的原因是PERIOD为0，那么仿真目标就只有一个：仿真PERIOD为0而DUTY不为0时模块的处理过程，以及输出结果是什么样的。

显然，这个仿真目标是验证某个模块的特定工作模式会不会导致系统中的特定故障，是对系统故障原因的定位。这是仿真的一个重要作用。对于pwm_gen在蜂鸣器上的故障表现，通过分析已经能定位到原因，并且可以优化设计马上进行验证。但是在实际设计案例中，由于设计复杂，无法通过简单分析定位故障原因，这时通过分析系统工作场景，将这些条件转换为模块的输入信号，在适当仿真工具的支持下，就可以观测到模块的输出情况以及设计模块的内部处理结果，从而达到更快、更准确地定位故障原因的目标。

当然，仿真的目的远不止如此。仿真是设计者交付设计成果前自证设计正确

性的一种手段，通过仿真来验证模块的基本功能是否正确，以及在一些边角场景
（Corner Case）下模块还能否正常工作。此外，有时甚至还要验证模块出现故障后，
需要什么样的处理才能让模块再次恢复到正常工作状态，也就是模块（系统）的
故障自愈特性如何保障。对模块重新进行上电或者复位处理，通常能让模块恢复
到正常工作状态（如果在进行了一次复位后，模块依然无法正常工作，这显然就
是一种设计故障），如果不进行复位，有没有什么办法能让模块重新进入正常工作
状态？

PWM模块pwm_gen的设计需求是在PERIOD个时钟周期内输出DUTY个高
电平信号，其余（PERIOD-DUTY）个时钟周期输出低电平。常规的场景应该是
DUTY比PERIOD小，如图3-7所示，这是仿真首先要验证的场景。

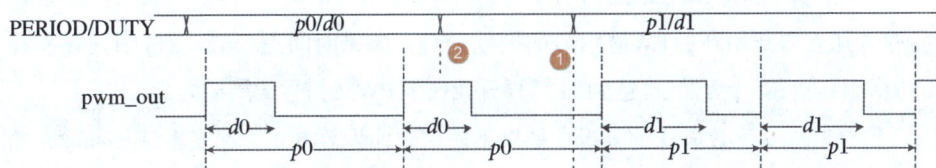

图 3-7

边角场景则需要设计者摆脱常规思维，考虑一些非常规因素。这也是设计复杂
系统时，通常会把仿真（验证、测试）人员与设计人员分开的根本原因。

对于pwm_gen这个模块，下述场景都可以算作边角场景。

• DUTY比PERIOD小，但是只小1。这可以延伸一下，9比10小1，10比11
也小1，所以，不仅要验证DUTY、PERIOD为9、10的情况，还要验证两者分别
为10、11的情况，这就是非常规思维的例子。这也可以用来说明公认的一件事情：
仿真（验证、测试）是无穷无尽的。

• DUTY比PERIOD大。

• DUTY等于PERIOD。

• PERIOD为0。

• PERIOD、DUTY改变的时间点正好位于上一个PWM信号的周期的最后一
个时钟周期。

• PERIOD、DUTY改变的时间点在PWM信号的周期的第一个时钟周期。

对于PERIOD/DUTY改变的时间点，可以归为输入变量是立即生效，还是某些条件触发后才生效的问题。对于pwm_gen模块，参考图3-7中的 ❶、❷两个时间点。如果PERIOD、DUTY在时间点 ❶发生改变，这时已经是输出低电平阶段，所以DUTY的改变不会影响高电平宽度。但是从什么时间点开始下一个PWM信号的周期呢？

如果是立即生效方式，那么当前PWM信号的周期的宽度就是新的参数$d1$。如果$d1$比$d0$大，那么就相当于当前PWM信号的周期要延长到$d1$个周期。

如果$d1$比$d0$小呢？还要考虑设计代码中判定PWM信号的周期结束条件的处理。

在代码2-7中，可以看到pwm_gen模块中PWM信号的周期结束条件的判断式为：

cnt >= (PERIOD-1)

因此，如果$d1$比$d0$还小，时间点 ❶处PWM信号的周期计数器cnt的值已经超过$d1$，则立即开始新的PWM信号的周期处理。如果时间点 ❶处cnt的值还没有超过$d1$，则会等待计数器cnt达到$d1$后再开始新的PWM信号的周期处理。

这是对立即生效方式的分析。如果不使用立即生效方式，那么不管外部输入的PWRIOD、DUTY在 ❶还是 ❷处发生改变，都要保证当前PWM信号的周期内输出的总周期数为$p0$，其中高电平宽度为$d0$。在当前PWM信号的周期结束时，新的参数$p1$、$d1$才开始生效，图3-7所示正是这种情况。

3.4.2 仿真平台设计

除了选定仿真工具外，仿真平台还包含两个基本要素：仿真输入的产生和仿真结果的分析。

仿真输入是指对模块的使用场景进行模拟，形成测试用例。为了更高效地构造测试用例，产生了很多专门用于仿真的设计语言，它们可弥补Verilog HDL、VHDL的不足。同样，为了更高效地分析仿真结果，也产生了很多专门用于仿真的工具，读者可以参考相关厂家的资料。

很多设计者习惯用Verilog HDL、VHDL来进行设计平台的搭建和测试用例的设计，并使用ModelSim进行仿真和观测仿真结果。代码3-4是一个使用Verilog HDL设计的pwm_gen的仿真平台，其中的注释说明了测试平台的基本要素。

代码 3-4：pwm_gen 的仿真平台

```verilog
module tb_pwm ;
 // 测试平台：不需要输入、输出端口信号
  reg    rstn = 0 ;
  reg    clk = 0 ;
  reg [7:0] PERIOD = 100 ;
  reg [7:0] DUTY  = 20 ;
    // 变量声明：为了避免仿真出现三态，声明变量时可以为其赋初值
  // Generate clock：产生模块时钟信号
  always #5 clk = !clk ;

  // DUT：Design Under Test 被测模块
  wire pwm_out ;
  pwm_gen dut  (
   /*output wire        */.pwm_out ( pwm_out ),
   /*input wire [WIDTH-1:0] */.PERIOD ( PERIOD ),
   /*input wire [WIDTH-1:0] */.DUTY   ( DUTY   ),
   /*input wire         */.clk   ( clk   ),
   /*input wire         */.rstn  ( rstn  )
   );

  // 产生测试激励：包含一个或者多个测试用例
  initial begin
   #1000 ;
   #2   rstn  = 1 ;
     // 复位释放：rstn 在声明时被赋初值 0，表示复位状态
   #200000  ;
     // Testcase1：测试用例 1，模拟 DUTY 小于 PERIOD 的常规场景
   #100 ;
    PERIOD = 0 ;
    DUTY  = 20 ;
     // Testcase2：测试用例 2，模拟 PERIOD 为 0 的场景
   #10000000 ;
  end

  // Test Result：保存仿真结果到 pwm.vcd 文件中，用于分析
  initial begin
   $dumpfile ("pwm.vcd");
   $dumpvars (0);
     // $dumpfile、$dumpvars 为 Verilog HDL 的系统函数
```

```
    // 使用Verilog HDL的系统函数时，需要确保仿真工具支持该系统函数
    end

endmodule
```

3.4.3 仿真运行与结果检查

在 ModelSim 中新建仿真工程，将测试平台文件、测试用例文件、设计文件加入仿真工程，运行仿真。

可以在 ModelSim 中打开仿真生成的 VCD 文件，或者在仿真进行前，把需要观测的信号加入 ModelSim 的【wave】窗口。

图 3-8 所示为 pwm_gen 仿真运行结果的部分波形分析。图中给出了 PERIOD 从100 切换到 0 时，内部计数器 cnt、duty_H 以及输出信号 pwm_out 的变化情况。

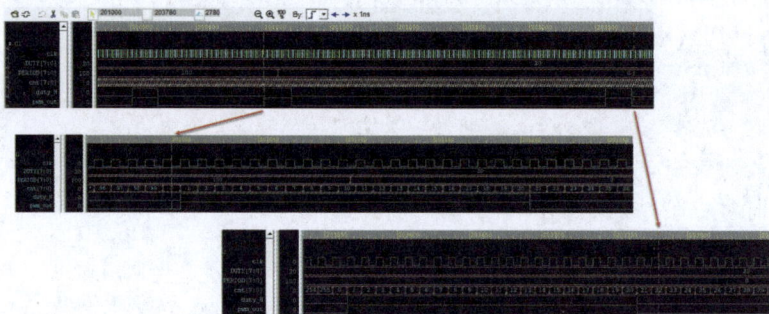

图 3-8

可以看到，在 PERIOD 变化前，cnt 的计数周期的范围为 0 到 99，一共 100 个时钟周期；而将 PERIOD 切换到 0 后，计数周期的范围为 0 到 255，一共 256 个时钟周期，这正好是 8 位宽计数器的最大计数周期。

因此可以推断出，对于代码 3-3 实现的蜂鸣器，由于设置的计数器位宽是 22，当 PERIOD 被设置为 0 后，内部计数器 cnt 的计数周期为 4194304（2^{22}）个时钟周期。而在模块 beeper_pattern 中，设计为每 250ms 播放一个音符，因此用 clk_cnt == CYC_NUM_MS250 来判断每个音符结束的时间，并设计了 5 位的 slot_cnt 来标记各个音符。slot_cnt 一共有 32 个值，在值为 0 到 21 时完成各个音符的播放，进入

下一个播放循环前，一共有11个音符时间，也就是3.3×10^7（$11 \times 1.2 \times 10^7/4$）个时钟周期。已经计算得到pwm_gen内部cnt的计数周期为4194304个时钟周期，由于pwm_out是在计数器为0开始被拉高，所以这期间pwm_out会有8（$3.3 \times 10^7/4194304 \approx 7.87$）次被拉高的输出，也就是蜂鸣器会鸣叫8次。

3.5 高手进阶：用状态机设计任意占空比的PWM信号产生模块

3.4节用仿真的方式分析了pwm_gen模块用于驱动蜂鸣器时导致系统故障的失效模式，其根本原因在于PERIOD为0时，pwm_gen模块的功能与设计预期之间存在差异。原本预期是在PERIOD为0时，输出的PWM信号一直为低电平，但是实际处理结果却是在2^{22}个时钟周期内输出1000个高电平信号。如何修改这个设计缺陷呢？本节介绍用状态机设计任意占空比的PWM信号产生模块。

3.5.1 规格定义

基于前面的一些分析，可以考虑把一些边角场景也定义到该模块的规格中。

• （S1）模块产生的PWM信号为高电平有效信号，其周期为PERIOD个时钟周期，其中有DUTY个高电平信号，即占空比为DUTY/PERIOD × 100%。

• （S2）DUTY ≥ PERIOD时，输出的PWM信号一直为高电平。

• （S3）PERIOD为0时，输出的PWM信号一直为低电平。

• （S4）PERIOD、DUTY发生改变时，在下一个PWM信号的周期生效，即当前输出的PWM信号的周期特性保持不变。

定义一个模块、系统的规格时，应该避免使用模棱两可的描述，把一些容易造成歧义的场景用精准的词语描述清楚，可参考上述描述中加了下画线的部分内容。

比如对于PERIOD为0时模块的行为，如果不指定预期输出结果，不同的人可能会有不同的理解：一种理解方式是，模块功能是在PERIOD个周期内输出DUTY个周期的高电平（S1的内容），PERIOD为0时DUTY一定不会小于PERIOD，所以模块应该一直输出高电平信号；另一种理解方式是，PWM模块输出的信号是高电平有效，PERIOD为0则PWM信号的周期为0，表示这时不需要PWM信号输出，所以这时模块应该输出低电平信号（这是 S3 的内容）。

从这个角度来看，蜂鸣器产生额外的声音并不能算作 pwm_gen 模块的设计缺陷，而是原本就没有界定 PERIOD 为 0 时模块的功能。

上述 S2、S3 两个规格的描述中，S2 场景下输出高电平信号，S3 场景下输出低电平信号，如果不对 S2、S3 两者的优先级进行界定，也会造成理解歧义。可以在 S2 这个规格的描述中再加上 PERIOD 不为 0 的限定条件，规避这种歧义。把场景 S2 的描述修改为（S2）DUTY ≥ PERIOD、PERIOD ≥ 1 时，输出的 PWM 信号一直为高电平。这样就非常明确，当 PERIOD 为 0 时，输出的 PWM 信号为高电平。

3.5.2 方案设计

可以考虑在 pwm_gen 的基础上进行设计优化，这交给读者自己去实践。

本小节介绍用有限状态机（Finite State Machine，FSM）来设计一个全新的 PWM 产生模块，以说明状态机设计的一些基本技巧。为了区分，将模块命名为 pwm_gen_fsm。

使用 Verilog HDL 进行状态机设计时，建议使用三段式设计风格，即把一个状态机分为状态跃迁、状态输出、状态逻辑处理等 3 个部分。图 3-9 所示为 PWM 产生模块的状态机设计结果，其中左侧是状态机的状态跃迁情况，右侧是各个状态下输出信号的设计。

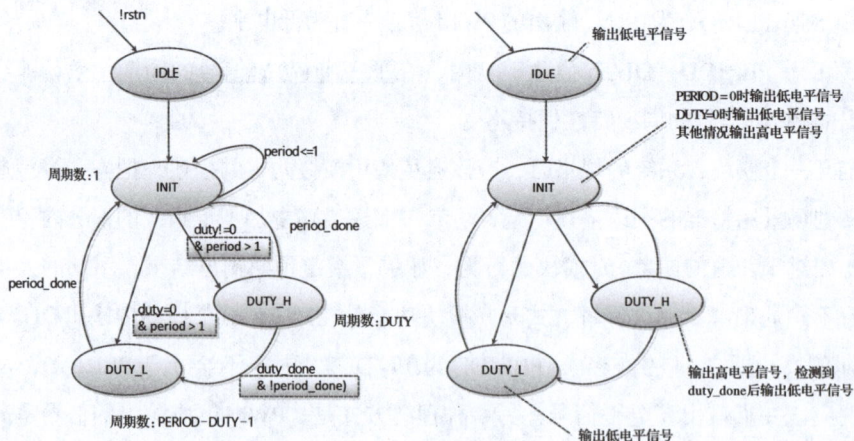

图 3-9

由于PWM信号只有高电平和低电平这两个状态，所以分别用DUTY_H、DUTY_L来表示输出高电平、低电平。通常情况下，DUTY的值小于PERIOD，可以把输出高电平信号当作一个PWM信号的周期的第一个阶段。在场景S2中，整个PWM信号的周期内都输出高电平信号，所以只有DUTY_H状态；在场景S3中，整个PWM信号的周期内都输出低电平信号，所以只有DUTY_L状态。

DUTY_L状态对应PWM信号的低电平阶段。DUTY的值小于PERIOD时，对应输出的PWM信号先输出高电平，再输出低电平。输出高、低电平的周期数需要用计数器来判断，前面DUTY个周期为DUTY_H状态。能进入DUTY_L状态，表明计数器的值已经大于DUTY，所以只有等到计数器达到PERIOD，period_done被拉高，才会退出DUTY_L状态。

DUTY_H状态对应PWM信号的高电平阶段。在这个状态下，如果DUTY的值小于PERIOD，当计数器的值为DUTY时，duty_done被拉高，状态机进入DUTY_L状态，即PWM的低电平输出阶段。如果DUTY的值比PERIOD大，则计数器的值先达到PERIOD，period_done先被拉高，状态机进入DUTY_H状态；如果DUTY的值与PERIOD相等，duty_done、period_done同时被拉高，状态机将从DUTY_H状态进入INIT状态。

当DUTY的值为0时，PWM信号一直保持低电平，所以这时不需要DUTY_H状态，状态机会从INIT状态直接跳转到DUTY_L状态。

INIT状态是状态机的起始状态，它占用一个时钟周期来锁存外部输入的信号值，以保证整个PWM信号的周期过程中的周期、占空比参数保持不变。

对于INIT状态时，PWM信号有可能需要输出高电平，也有可能需要输出低电平。继续分析前述的规格定义部分，可以发现只要DUTY或者PEIROD为0，那么PWM信号就需要一直输出低电平，所以这两种情况下都要输出低电平。

还有一种情况需要注意，即PERIOD为1的情况。这时PWM信号的周期为一个时钟周期，而状态机的INIT状态也占用一个时钟周期，所以这种情况下，状态机必须一直保持INIT状态。这时输出的电平由DUTY的值确定：DUTY为0时输出低电平；DUTY为1（与PERIOD相等）时，则需要输出占空比为100%的PWM信号，即输出高电平。

具体的逻辑处理情况可以参考代码3-5中的注释说明。

3.5.3 详细设计

代码 3-5 是 pwm_gen_fsm 模块设计代码。

代码 3-5: pwm_gen_fsm 模块设计代码

```
module pwm_gen_fsm # (
   parameter WIDTH = 8
   ) (
   output wire        pwm_out ,
   input wire [WIDTH-1:0] PERIOD  ,
   input wire [WIDTH-1:0] DUTY    ,
   input wire         clk    ,
   input wire         rstn
   );
////////// Internal Signal
  localparam ST_NUM = 3 ;
  reg [ST_NUM-1:0] pwm_gen_nxt ;
  wire [ST_NUM-1:0] pwm_gen_cur = pwm_gen_nxt ;
   localparam PWM_IDLE = 'h0 ;
   localparam PWM_INIT = 'h1 ;
   localparam PWM_DUTYH = 'h2 ;
   localparam PWM_DUTYL = 'h4 ;

  reg duty_H ;

  reg [WIDTH-1:0] duty_lock  ;
  reg [WIDTH-1:0] period_lock ;
  reg [WIDTH-1:0] cnt     ;

  wire period_be0 = PERIOD == 0 ;
  wire period_be1 = PERIOD == 1 ;
  wire duty_be0  = DUTY == 0 ;

  wire duty_done  = (pwm_gen_cur == PWM_DUTYH) & (cnt >= duty_lock) ;
  wire period_done = cnt >= period_lock ;

//状态机跃迁部分
  always @ ( posedge clk , negedge rstn )
   if (!rstn)
     pwm_gen_nxt <= PWM_IDLE ;
   else
```

```
   case ( pwm_gen_cur )
     PWM_IDLE : pwm_gen_nxt <= PWM_INIT ;
     PWM_INIT :
      if ( period_be0 | period_be1 ) pwm_gen_nxt <= PWM_INIT ;
      else pwm_gen_nxt <= duty_be0 ? PWM_DUTYL : PWM_DUTYH ;
     PWM_DUTYH :
      if ( period_done ) pwm_gen_nxt <= PWM_INIT ; // DUTY >= PERIOD - 1
      else if ( duty_done ) pwm_gen_nxt <= PWM_DUTYL ;
     PWM_DUTYL :
       if ( period_done ) pwm_gen_nxt <= PWM_INIT ;
     default : pwm_gen_nxt <= PWM_IDLE ;
   endcase


//状态机输出处理 : duty_H 信号
//状态机信号处理 : 为了节省篇幅，将两个部分合并到同一个always语句中
always @ ( posedge clk , negedge rstn )
  if (!rstn)
   begin
    duty_lock  <= 0 ;
    period_lock <= 0 ;
    cnt      <= 0 ;
    duty_H   <= 0 ;
   end
  else
    case ( pwm_gen_cur )
      PWM_IDLE :
       begin
        duty_lock  <= 0 ;
        period_lock <= 0 ;
        cnt     <= 0 ;
        duty_H   <= 0 ;
       end

      PWM_INIT :
       begin
        duty_lock  <= DUTY ;
        if ( period_be0 ) period_lock <= 0 ;
        else period_lock <= PERIOD-1 ;
        cnt <= 1 ;
```

097

```
            if ( period_be0 ) duty_H <= 0 ; // keep in PWM_INIT
            else if ( duty_be0 ) duty_H <= 0 ; // Go PWM_DUTYL
            else duty_H <= 1 ;
          end

      PWM_DUTYH : // duty cycles
        begin
         if ( period_done ) cnt <= 0 ; // period_done comes first
         else cnt <= cnt + 1 ;
         if ( period_done ) duty_H <= 1 ; //
         else if ( duty_done ) duty_H <= 0 ; // Go PWM_DUTYL
        end

      PWM_DUTYL : // period - duty -1 cycles ----- 1 cycle
        begin
         if ( period_done ) cnt <= 0 ;
         else cnt <= cnt + 1 ;
         duty_H <= 0 ;
        end

      default :
        begin
         duty_lock   <= 0 ;
         period_lock <= 0 ;
         cnt       <= 0 ;
         duty_H    <= 0 ;
        end
      endcase

/// output Drivers
   assign pwm_out = duty_H ;

endmodule
```

3.5.4 模块功能仿真

为了验证pwm_gen_fsm模块在之前描述的边角场景中功能的正确性，需要在测试平台中设计相应的测试用例来涵盖这些边角场景。代码3-6一共设计了12种场景，由于模块功能简单，因此没有单独为每个场景设计测试用例。

代码3-6：pwm_gen_fsm模块仿真平台参考代码

```
module tb_pwm ;
  // 测试平台：不需要输入、输出端口信号
  reg    rstn = 0 ;
  reg    clk = 0 ;
  reg [7:0] PERIOD = 100 ;
  reg [7:0] DUTY  = 20 ;
    // 变量声明：为了避免仿真出现三态，声明变量时可以为其赋初值
  // Generate clock：产生模块时钟信号
  always #5 clk = !clk ;

  // DUT：Design Under Test 被测模块
  wire pwm_out ;
  pwm_gen_fsm pwm_gen_fsm  (
  /*output wire        */.pwm_out ( pwm_out ) ,
  /*input wire [WIDTH-1:0] */.PERIOD ( PERIOD ) ,
  /*input wire [WIDTH-1:0] */.DUTY  ( DUTY  ) ,
  /*input wire        */.clk  ( clk  ) ,
  /*input wire        */.rstn ( rstn )
  );

  // 例化 pwm_gen，以比较两个模块的处理过程和输出
  wire pwm_out2 ;
  pwm_gen pwm_gen  (
  /*output wire        */.pwm_out ( pwm_out2 ) ,
  /*input wire [WIDTH-1:0] */.PERIOD ( PERIOD ) ,
  /*input wire [WIDTH-1:0] */.DUTY  ( DUTY  ) ,
  /*input wire        */.clk  ( clk  ) ,
  /*input wire        */.rstn ( rstn )
  );

  // 产生测试激励：包含一个或者多个测试用例
  initial begin
  #1000 ;
  #2  rstn  = 1;
    // 复位释放：rstn在声明时被赋初值0，表示复位状态
  #5000  ;
```

```
// Testcase1：测试用例1，模拟DUTY小于PERIOD的常规场景

#100 ;
 PERIOD = 0 ;
 DUTY  = 20 ;
 // Testcase2：测试用例2，模拟PERIOD为0的场景

 #10000 ;
#100 ;
 PERIOD = 40 ;
 DUTY  = 0 ;
 // Testcase3
 #10000 ;
#100 ;
 PERIOD = 1 ;
 DUTY  = 0 ;
 // Testcase4
 #10000 ;
#100 ;
 PERIOD = 1 ;
 DUTY  = 1 ;
 // Testcase5
 #10000 ;
#100 ;
 PERIOD = 8 ;
 DUTY  = 1 ;
 // Testcase6
 #10000 ;
#100 ;
 PERIOD = 0 ;
 DUTY  = 0 ;
 // Testcase7
 #10000 ;
#100 ;
 PERIOD = 1 ;
 DUTY  = 0 ;
 // Testcase8
 #10000 ;
#100 ;
 PERIOD = 8 ;
 DUTY  = 1 ;
```

```
 // Testcase9
 #10000 ;
#100 ;
 PERIOD = 0 ;
 DUTY = 0 ;
 // Testcase10
 #10000 ;
#100 ;
 PERIOD = 21 ;
 DUTY = 5 ;
 // Testcase11
 #10000 ;
#100 ;
 PERIOD = 21 ;
 DUTY = 20 ;
 // Testcase11
 #1000 ;
#100 ;
 PERIOD = 21 ;
 DUTY = 21 ;
 // Testcase11
 #1000 ;
#100 ;
 PERIOD = 0 ;
 DUTY = 20 ;
 // Testcase11
 #6000 ;
#100 ;
 PERIOD = 21 ;
 DUTY = 20 ;
 // Testcase11
 #1000 ;
#100 ;
 PERIOD = 21 ;
 DUTY = 5 ;
 // Testcase11
 #930 ;
#100 ;
 PERIOD = 0 ;
 DUTY = 8 ;
 // Testcase12
```

```
  #10000 ;
  #10000 ;
  $stop;
end

// Test Result : 保存仿真结果到pwm.vcd文件中，用于分析
initial begin
$dumpfile ("pwm.vcd");
$dumpvars (0);
  // $dumpfile、$dumpvars 为Verilog HDL的系统函数
  // 使用Verilog HDL的系统函数时，需要确保仿真工具支持该系统函数
end

endmodule
```

为了方便对比pwm_gen_fsm模块与之前设计的pwm_gen模块在处理和输出上的差异，仿真平台中同时例化了pwm_gen模块。图3-10所示为测试用例12时两个模块输出的pwm信号差异对比，图中的pwm_gen/duty_H、pwm_gen_fsm/duty_H分别为pwm_gen、pwm_gen_fsm两个模块输出的PWM信号。

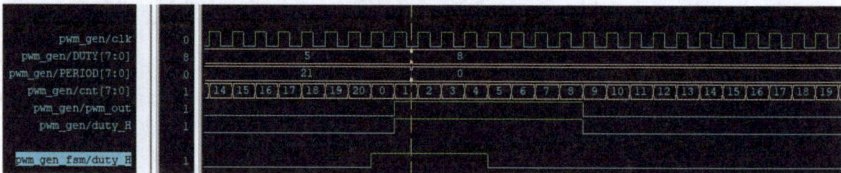

图3-10

可以看到，DUTY从5变为8后，pwm_gen模块输出的PWM信号高电平宽度就立即变成了8个时钟周期；而pwm_gen_fsm模块输出的PWM信号是更新前的DUTY，即5个时钟周期，并且由于新的PERIOD为0，所以之后PWM信号就保持低电平输出。

图3-11所示为仿真平台中多个测试用例的仿真结果。

图3-11

图中很显然反映出pwm_gen、pwm_gen_fsm在很多场景下输出的PWM信号都存在差异，表明这两个模块对于多种应用场景的处理方式并不相同。当然，pwm_gen_fsm是参考图3-9所示的状态机进行设计的。前面提到，仿真和验证是永无止境的，因此设计的优化也是永无止境的。3.5.1小节定义了需要实现的PWM信号规格，显然图3-9所示的状态机并不是唯一一个可以实现这种PWM信号的状态机。图3-9所示的状态机有4种状态（IDLE、INIT、DUTY_L、DUTY_H），完全可以设计出一种只有DUTY_L、DUTY_H两种状态的状态机。因为不管在哪种场景，输出的PWM信号只有高电平和低电平，所以，整个模块的设计目标就转换为控制哪些条件下触发PWM信号的翻转。

3.6 小结

本章以驱动MAX10培训板上蜂鸣器发出一段音符为载体，除了说明蜂鸣器的基本原理以及驱动蜂鸣器发音的基本方式外，也说明了功能仿真在FPGA设计中的重要性。以新的PWM信号产生模块的设计为例，进一步说明了FPGA设计中模块化设计方法，同时说明了在FPGA中如何进行有限状态机（FSM）设计，以及如何进行功能仿真。

第4章

驱动七段数码管

4.1 数码管简介

数码管的本质是LED，它由7个条状的LED组成，分别命名为A、B、C、D、E、F、G等段，所以它也被称为七段数码管。有些数码管还包含一个名为DP的圆点，用来表示小数点位。图4-1所示为常见的数码管。

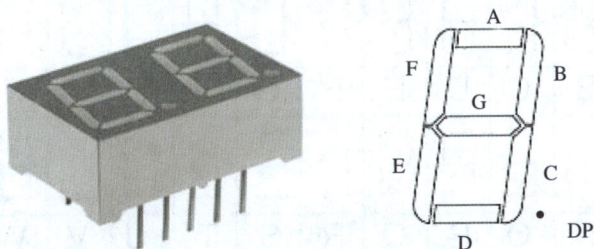

图 4-1

数码管的驱动方式和LED一样，有共阴极连接和共阳极连接两种。使用共阴极连接方式时，需要外部提供公共的地，将要点亮的段的控制信号驱动到高电平；使用共阳极连接方式时，则用低电平驱动，需要外部提供公共的高电平，如图4-2所示。

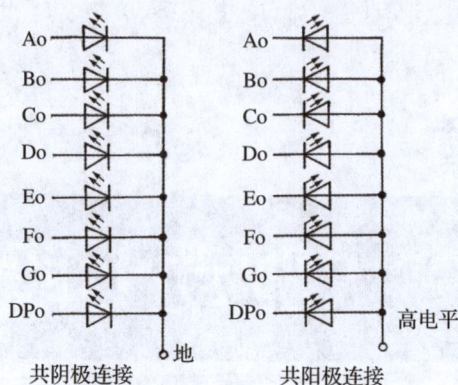

共阴极连接　　　　　共阳极连接

图 4-2

4.2 字库

8字型的七段数码管可以根据其不同段的亮灭组合显示不同的字符，图4-3所示为英文字母和阿拉伯数字用七段数码管显示的方法。

图 4-3

除了图4-3所示的8字型七段数码管外，还有很多其他的数码管，比如N字型数码管、米字型数码管等。为了方便用户使用，有些厂家会把驱动数码管显示各种不同字符的段位驱动电平预先设计好，这就是数码管字库的由来。

106

例如，为了让七段数码管显示十六进制的0到F而设计的字库示例如表4-1所示，图4-4所示为字符0、1、2、3、4的字库值各个位与数码管相应段的对应情况。

表4-1

符号	二进制	十六进制	符号	二进制	十六进制
0	011_1111	3Fh	A	111_0111	77h
1	000_0110	06h	B	111_1100	7Ch
2	101_1011	5Bh	C	011_1001	39h
3	100_1111	4Fh	D	101_1110	5Eh
4	110_0110	66h	E	111_1001	79h
5	110_1101	6Dh	F	111_0001	71h
6	111_1101	7Dh			
7	000_0111	07h			
8	111_1111	7Fh			
9	110_1111	6Fh			

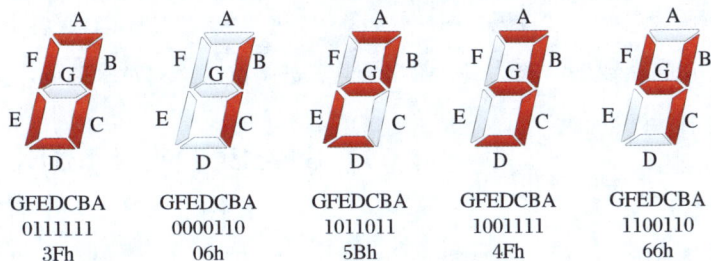

GFEDCBA
0111111
3Fh

GFEDCBA
0000110
06h

GFEDCBA
1011011
5Bh

GFEDCBA
1001111
4Fh

GFEDCBA
1100110
66h

图 4-4

这是针对共阴极连接方式的字库值，如果是共阳极连接方式，则需要把表4-1中对应的位全部取反。

4.3 BCD码

二进制码是数字化的基础。和自然数（十进制数）相比，二进制数占用的存储空间较小。由表4-2可知，在达到一定程度时，自然数占用的存储空间大约是二进制数的3倍。

表4-2

数值	自然数占用的存储空间（位）	二进制数占用的存储空间（位）
0～9	10	4
10～99	20	7
100～999	30	10
1000～9999	40	14
10000～99999	50	17
100000～999999	60	20

BCD（BinaryCoded Decimal，二进制编码的十进制数）码是用4位二进制数来表示一位十进制数的编码形式。4位二进制数可以表示的值范围是0～15，而十进制数的每一位都只有0～9这10个数据，所以用4位二进制数来表示10个有效值时，存在6个冗余码，这导致了多种BCD码的出现，常见的有8421BCD码、5421BCD码、2421BCD码、余三码、余三循环码、格雷码等形式。最常使用的是8421BCD码，它是一种有权码，其4个位上的1从高到低位依次表示8、4、2、1。

二进制码也是一种加权码，图4-5所示为二进制数、8421BCD码各个位对应的加权值，并以自然数98、76为例，给出了其二进制数以及8421BCD码。

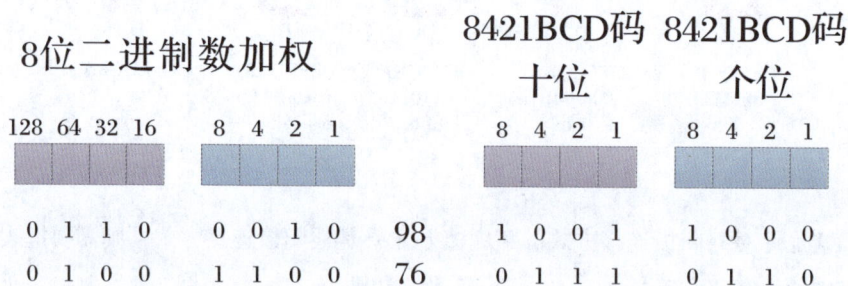

图 4-5

4.3.1 二进制数转换为8421BCD码的算法说明

如何才能把一个二进制数转换成8421BCD码呢？最常用的方式是采用左移加3法，图4-6所示为左移加3法的处理流程。

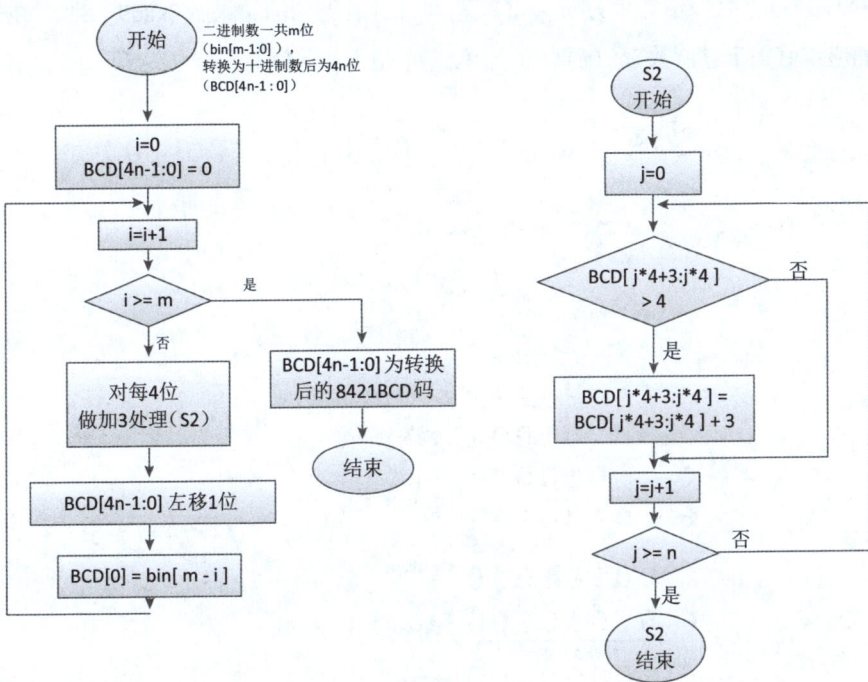

图 4-6

该流程分为以下几步。

1. 8421BCD码初始值为全0。以下步骤从二进制数的高位向低位操作。

2. 8421BCD码向高位移动1位（左移1位），将二进制数未处理部分的最高位移入8421BCD码的最低位。

3. 判断二进制位是否全部处理完。

- 如果已全部处理，则执行步骤3后得到的8421BCD码就是需要的结果。
- 如果未全部处理，则转到步骤4继续执行。

4. 8421BCD码每4位为一个处理单元，每个单元内各自判断值是否大于4。

- 如果值小于或等于4，跳转到步骤5继续执行。
- 如果值大于4，则该单元值加3后跳转到步骤5继续执行。

5. 转到步骤2继续重复执行。

以十进制数869为例验证上述步骤的处理过程。869用二进制表示为001101100101b，即十六进制的0x365。图4-7所示为按图4-6的左移加3法将它转换为8421BCD码的详细处理过程。可以看到，最后得到的结果为0x869，3个数据位上的值正好是十进制数869的百位、十位、个位上的数值。

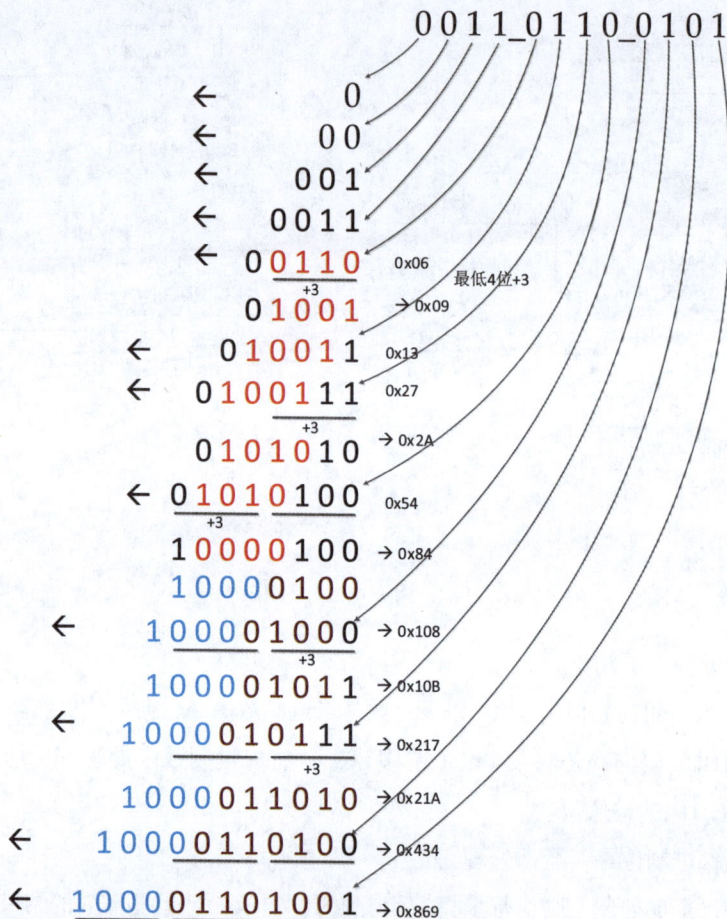

```
                    0011_0110_0101
←              0
←             00
←            001
←           0011
←          00110      0x06    最低4位+3
              +3
           01001   → 0x09
←          010011    0x13
←         0100111    0x27
             +3
          0101010  → 0x2A
←         01010100   0x54
           +3
         10000100  → 0x84
         10000100
←        100001000 → 0x108
             +3
         100001011 → 0x10B
←        100001111 → 0x217
            +3
         100001110 → 0x21A
←        100001100 → 0x434
←        10000110 1001 → 0x869
```

图4-7

上述转换过程中的第4步，是把8421BCD码每4位作为一组，判断是否要进行加3操作。如果某一组进行加3操作后产生了进位，即变为5位，该如何处理呢？

有意思的是，这种情况并不会发生！也就是BCD码即使在判断需要进行加3操作后，也不会产生进位。

110

左移加3法的原理与用二进制与十进制表示数据时，每个数据位的权重差异有关。十进制数每个数据位的权重为10，8421BCD码用4位二进制数表示十进制数的一个数据位，如图4-8所示，8421BCD码每位为4比特，最大值为15，与十进制最大值9差值为6。左移1位相当于乘以2，所以相差为6的权重就可以用加3左移来实现。数据为0～9时，在二进制表示方式下，去掉最低位后最大值为100b，即最大值为4，所以左移前8421BCD码每个单元的值小于或等于4时不需要处理。数据10～15去掉最低位后，其值分别为5、5、6、6、7、7，而对应的8421BCD码值分别为8、8、9、9、10、10，正好是对应的二进制数加3的结果。

图4-8所示为数值0到15的二进制与8421BCD码表示对比。可以看到，两者的最低位的值是相同的，这也是图4-6所示的左移加3法在二进制数最后一位移入后即完成全部操作的原因。

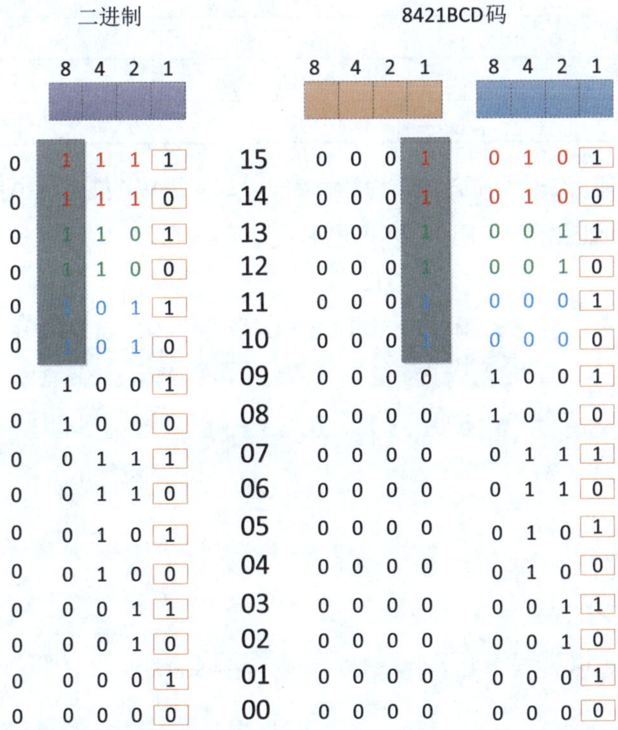

二进制					十进制	8421BCD码							
	8	4	2	1		8	4	2	1	8	4	2	1
0	1	1	1	1	15	0	0	0	1	0	1	0	1
0	1	1	1	0	14	0	0	0	1	0	1	0	0
0	1	1	0	1	13	0	0	0	1	0	0	1	1
0	1	1	0	0	12	0	0	0	1	0	0	1	0
0	1	0	1	1	11	0	0	0	1	0	0	0	1
0	1	0	1	0	10	0	0	0	1	0	0	0	0
0	1	0	0	1	09	0	0	0	0	1	0	0	1
0	1	0	0	0	08	0	0	0	0	1	0	0	0
0	0	1	1	1	07	0	0	0	0	0	1	1	1
0	0	1	1	0	06	0	0	0	0	0	1	1	0
0	0	1	0	1	05	0	0	0	0	0	1	0	1
0	0	1	0	0	04	0	0	0	0	0	1	0	0
0	0	0	1	1	03	0	0	0	0	0	0	1	1
0	0	0	1	0	02	0	0	0	0	0	0	1	0
0	0	0	0	1	01	0	0	0	0	0	0	0	1
0	0	0	0	0	00	0	0	0	0	0	0	0	0

图 4-8

4.3.2 小数部分转换为8421BCD码

在把小数转换成8421BCD码之前，需要明确小数用二进制表示的方式。比如54.32这个小数转换为二进制数应该是多少？

首先需要确定小数点在一个二进制数中的位置，确定哪些位表示整数部分、哪些位表示小数部分。二进制数小数部分的权重按位从高到低，分别为1/2、1/4、1/8……即低一位是高一位的一半，如表4-3所示。按照这样的方式，无论用多少位都无法准确表示出数值54.32。

表4-3

小数位数	二进制数	实际值
1	1	0.5
2	01	0.25
3	011	0.375
4	0101	0.3125
5	01011	0.34375
6	010101	0.328125

所以，只能用一定的位来近似表示54.32。如果采用4位表示小数，54.32只能用54.3125来近似表示，即用0x365来表示，如图4-9所示。

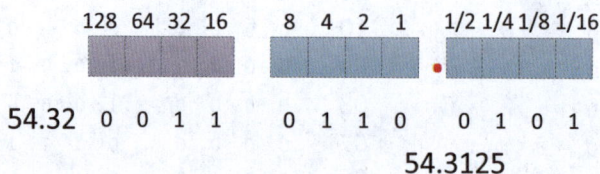

图4-9

要点提示 这也是后文将介绍的模数转换存在误差的原因之一。

注意，直接用左移加3法对上述二进制数进行转换操作不能得到对应的8421BCD码，因为左移加3法只是针对整数的操作方法。参考图4-7，对0x365进行转换后得到的8421BCD码为869，如果按照4位为小数的话，其值为86.9，这显然不对。

当一个二进制数中有一部分表示小数时，需要先把它表示的十进制数计算出来，然后通过移动小数点将其转成整数，再对这个整数进行左移加3操作。

以上述的54.32为例，需要先把54.32用54.3125近似表示，参考图4-9，这个近似值是用低4位表示小数部分，其最低位的权值为0.0625（1/16），所以需要进行转换的数应该是：

0x365 × （0.0625 × 10000）=869 × 625=543125

543125用十六进制表示为0x84995，读者可以用0x84995作为输入，参考图4-7的操作，手动进行左移加3的操作，最后能得到0x543125的结果。

十进制数543125与54.3125相比，如果不考虑小数点，两个数各位上的值是相同的，因为它是54.3125乘以10000的结果。

> 这里的分析似乎表明，要把一个小数转换成8421BCD码，只需要把该小数乘以对应10的整数次幂，也就是把小数点移到十进制数的最右边，得到对应的整数后，再将其转换为二进制数进行左移加3操作，就可以得到该小数的8421BCD码。是否真是如此呢？
> 54.32乘以100后为5432。5432用十六进制表示为0x1538，对它进行左移加3的操作后，确实能得到0x5432的结果，但是这并不能表示小数54.32，因为如前所述，只能用某个值近似表示54.32这个小数。所以，可以采用反推法：一个数据通过左移加3操作后得到54.32的值，那么原始数据一定不是54.32。

4.4 七段数码管驱动模块设计

为了说明跟七段数码管驱动相关的一些模块的设计，基于小脚丫的MAX10核心板，本节设计了如下应用：用两个七段数码管，分别用8421BCD码显示核心板上的拨码开关、4个按键的状态值。

图4-10所示为这个应用的系统方案。MAX10核心板上有4个拨码开关，其不

同位置的组合一共有16种状态；MAX10开发板上的按键在按下时输入FPGA的信号为低电平，所以4个按键也一共有16种。将16个状态值转换成8421BCD码，七段数码管显示对应的个位，小数点DP显示十位。所以，在MAX10上电后，4个按键都没有被按下，对应的七段数码管应该显示"5."，即表示15，小数点DP被点亮，表示十位为1。

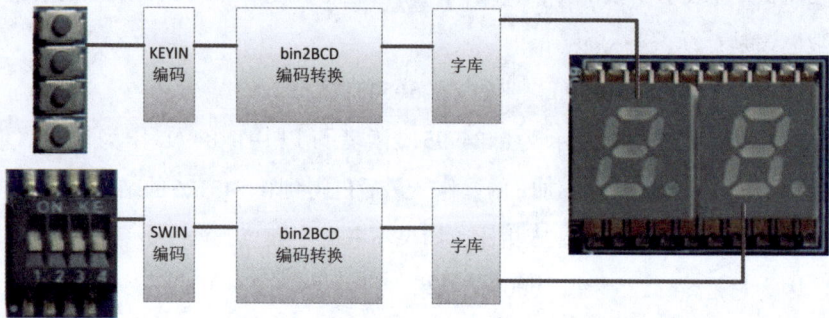

图 4-10

拨码开关在"ON"位置时为高电平输入FPGA，因此4个拨码在图4-10所示的位置时，右侧的七段数码管应该显示"0"，即表示全部拨码都位于"OFF"的位置。

4.4.1 字库模块设计

表4-1列出了七段数码管显示十六进制数0～F等16个字符的字库信息，代码4-1是用Verilog HDL实现的该字库模块的参考代码。

代码4-1：字库模块

```
module SEG7_symb_decoder (
    output  [7:0] seg_out , //MSB~LSB = DP,G,F,E,D,C,B,A
    input   [3:0] seg_data , //seg_data input
    input     seg_dot   , //segment dot control
    input     clk     ,
    input     rstn
    );


reg [7:0] seg_led ;
always @ ( posedge clk , negedge rstn )
```

```
    if (!rstn)
      seg_led <= 0 ;
    else
     case(seg_data)
      4'h0: seg_led <= {seg_dot,7'h3f}; // 0
      4'h1: seg_led <= {seg_dot,7'h06}; // 1
      4'h2: seg_led <= {seg_dot,7'h5b}; // 2
      4'h3: seg_led <= {seg_dot,7'h4f}; // 3
      4'h4: seg_led <= {seg_dot,7'h66}; // 4
      4'h5: seg_led <= {seg_dot,7'h6d}; // 5
      4'h6: seg_led <= {seg_dot,7'h7d}; // 6
      4'h7: seg_led <= {seg_dot,7'h07}; // 7
      4'h8: seg_led <= {seg_dot,7'h7f}; // 8
      4'h9: seg_led <= {seg_dot,7'h6f}; // 9
      4'ha: seg_led <= {seg_dot,7'h77}; // A
      4'hb: seg_led <= {seg_dot,7'h7C}; // B
      4'hc: seg_led <= {seg_dot,7'h39}; // C
      4'hd: seg_led <= {seg_dot,7'h5e}; // D
      4'he: seg_led <= {seg_dot,7'h79}; // E
      4'hf: seg_led <= {seg_dot,7'h71}; // F
      default: seg_led <= {seg_dot,7'h00};
     endcase

  assign seg_out = seg_led ;

endmodule
```

把模块命名为SEG7_symb_decoder，可以看到，字库本质上就是实现查找表的功能。seg_data是需要显示的字符十六进制数，通过查表的方式，就可以得到七段数码管的A～G、小数点DP等共8个驱动信号seg_out。

4.4.2 二进制数转换为8421BCD码的模块设计

4.3.1小节说明了二进制数转换为8421BCD码的操作过程，其本质上是对二进制数的各个位进行左移加3操作。在实现上，可以把输出的8421BCD码与输入的二进制数级联起来，并把8421BCD码放在高位，进行左移加3操作前，8421BCD码部分为全0。参考图4-11，输入的二进制数为N位，由于自然数占用的存储空间大约是二进制数的3倍，因此对应的8421BCD码的数据位数M可以用N/3的值向上取整得到。由于8421BCD码是用4位表示一个数据位，所以8421BCD码的位宽为$4 \times M$。

> **要点提示**
>
> 如果把一个数据的位宽用parameter表示为N，那么$N/3$的值取整可以用$N/3$表示；$N/3$的值向上取整，可以用$(N+2)/3$表示。所以，8421BCD码的位宽可以用如下方式表示：
>
> parameter BIN_SIZE = 21;
>
> parameter BCD_SIZE = ((BIN_SIZE+2)/3))*4;

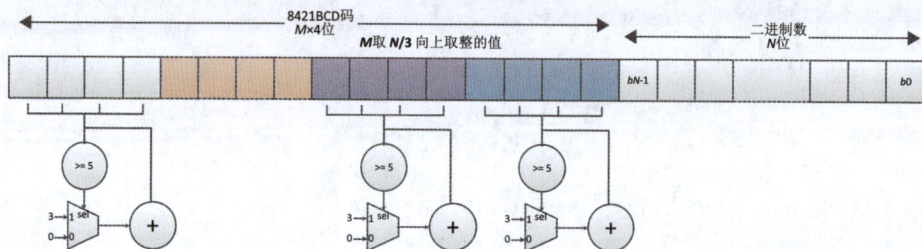

图4-11

对二进制数的每一位都要进行左移加3操作，所以每次操作占用两个时钟周期。对于N位的二进制数，完成8421BCD码的转换一共需要$2N$个时钟周期。

代码4-2是二进制数转换为8421BCD码的模块设计参考代码。

代码4-2：二进制数转换为8421BCD码的模块设计参考代码

```
module bin2bcd # (
    parameter BIN_SIZE = 21 ,
    parameter BCD_SIZE = 28 // BCD_SIZE = ( (BIN_SIZE+2)/3) )*4
    ) (
    output wire          op_done ,  // finish
    output wire          op_busy ,  // operating
    output wire [BCD_SIZE-1:0] bcd_code ,  // bcd code
    input wire [BIN_SIZE-1:0] bin_code ,  // binary code
    input wire           enable ,  // 1 cycle
    input wire           clk   ,
    input wire           rstn
    );
localparam DEC_SIZE = BCD_SIZE/4 ; // BCD_SIZE should be times of 4
localparam TEMP_SIZE = BIN_SIZE + BCD_SIZE ;
```

```
reg [TEMP_SIZE-1:0] coding_reg ;
wire [BCD_SIZE-1:0] bcd_i_code = coding_reg[BIN_SIZE+:BCD_SIZE] ;
                         // Highest BCD_SIZE bits
wire [BCD_SIZE-1:0] bcd_o_code ;
reg [7:0] oping_cnt ;
reg    oping  ;
wire    oping_end = oping_cnt == (BIN_SIZE*2-1);
reg    oping_end_reg ;

always @ ( posedge clk , negedge rstn )
  if (!rstn)
   begin
    oping   <= 0 ;
    oping_cnt <= 0 ;
    oping_end_reg <= 0 ;
   end
  else
   begin
    if ( (!oping) & enable ) oping   <= 1 ;
    else if ( oping_end ) oping   <= 0 ;
    if ( oping_end ) oping_cnt <= 0 ;
    else if ( oping ) oping_cnt <= oping_cnt + 1 ;
    oping_end_reg <= oping_end ;
   end

bin2bcd_add3_func bin2bcd_add3_func [DEC_SIZE-1:0] (
 /*output reg [3:0] */.dout ( bcd_o_code ) ,
 /*input wire [3:0] */.din ( bcd_i_code )
 );

// shift register
wire shift_cyc = !oping_cnt[0] ; // 1st cycle
wire cal_cyc  = oping_cnt[0] ; // 2nd cycle
always @ ( posedge clk , negedge rstn )
  if (!rstn)
    coding_reg <= 0 ;
  else if ( enable & (!oping) ) // load BIN code
    coding_reg <= {{BCD_SIZE{1'b0}},bin_code} ;
  else if ( oping )
    begin
     if ( shift_cyc ) coding_reg <= coding_reg << 1 ;
```

117

```
    else coding_reg[BIN_SIZE+:BCD_SIZE] <= bcd_o_code ;
    end

  // 1 more output reg
  reg [BCD_SIZE-1:0] bcd_code_lock ;
  always @ ( posedge clk , negedge rstn )
    if (!rstn)
      bcd_code_lock <= 0 ;
    else if ( oping & oping_end )
      bcd_code_lock <= coding_reg[BIN_SIZE+:BCD_SIZE] ;

//// Output Drivers
  assign op_done = oping_end_reg ;
  assign op_busy = oping      ;
  assign bcd_code = bcd_code_lock ;

endmodule
```

其中的bin2bcd_add3_func模块用于实现8421BCD码每4位加3操作的功能，其
Verilog HDL设计结果如代码4-3所示，它是一个用组合逻辑描述的设计模块：如果
输入值大于4，将输入值加3；如果输入值不大于4，就输出原值。

代码4-3：bin2bcd_add3_func模块参考代码

```
module bin2bcd_add3_func (
    output reg [3:0] dout ,
    input wire [3:0] din
    );

  always @ ( * )
    if ( din >= 5 )
      dout = din + 3 ;
    else
      dout = din ;

endmodule
```

在Verilog HDL中用if…else…语句描述组合逻辑时，一定要加else分支，否则
会形成锁存结构，造成设计功能故障风险。

4.4.3 子系统顶层模块设计

子系统顶层模块设计代码见代码4-4。其中的bin2bcd模块实现二进制数到8421BCD码的转换，SEG7_symb_decoder是字库模块。

代码4-4：子系统顶层模块设计代码

```
module seg7_disp_top (
    output wire     seg1_enb ,
    output wire [ 7:0] seg1_out , //MSB~LSB = DP,G,F,E,D,C,B,A
    output wire     seg2_enb ,
    output wire [ 7:0] seg2_out , //MSB~LSB = DP,G,F,E,D,C,B,A
    input wire [ 3:0] KEYIN  ,
    input wire [ 3:0] SWIN   ,
    input wire     clk    ,
    input wire     rstn
    ) ;

localparam BIN_SIZE = 4 ;
localparam BCD_SIZE = ((BIN_SIZE+2)/3)*4 ; // =8
localparam CH_NUM   = 2 ; // # of SEG7 parts

wire [BIN_SIZE*CH_NUM-1:0] bin_code = { SWIN , KEYIN } ;
wire [BCD_SIZE*CH_NUM-1:0] bcd_code  ;

wire [BCD_SIZE-1:0] seg1_bcd_code = bcd_code[BCD_SIZE-1:0] ;
wire [BCD_SIZE-1:0] seg2_bcd_code
= bcd_code[BCD_SIZE*CH_NUM-1:BCD_SIZE] ;

 wire [3:0] seg1_bcd_ones = seg1_bcd_code[0+:4] ;
 wire [3:0] seg1_bcd_tens = seg1_bcd_code[4+:4] ;
 wire [3:0] seg2_bcd_ones = seg2_bcd_code[0+:4] ;
 wire [3:0] seg2_bcd_tens = seg2_bcd_code[4+:4] ;

  wire [4*CH_NUM-1:0] bcd_ones
  = {seg2_bcd_code[3:0],seg1_bcd_code[3:0]} ;

bin2bcd #(
 .BIN_SIZE ( BIN_SIZE ),
 .BCD_SIZE ( BCD_SIZE )
 ) bin2bcd[CH_NUM-1:0] (
 /*output wire [BCD_SIZE-1:0] */.bcd_code ( bcd_code  ),
```

```
/*input wire [BIN_SIZE-1:0] */.bin_code (bin_code  ),
/*input wire         */.enable ( 2'b11   ),
/*input wire         */.clk   ({clk,clk} ),
/*input wire          */.rstn  ({rstn,rstn} )
);

wire [15:0] seg_out ;
wire seg1_dot_en = seg1_bcd_tens != 0 ;
wire seg2_dot_en = seg2_bcd_tens != 0 ;
wire [1:0] seg_dot = {seg2_dot_en,seg1_dot_en} ;
SEG7_symb_decoder SEG7_symb_decoder[CH_NUM-1:0] (
/*output [7:0] */.seg_out (seg_out  ),
/*input  [3:0] */.seg_data (bcd_ones  ),
/*input      */.seg_dot (seg_dot  ),
/*input      */.clk   ({clk,clk} ),
/*input      */.rstn  ({rstn,rstn} )
);

//// Output Drivers
assign seg1_enb = 1'b0 ; // can use PWM
assign seg1_out = seg_out[7:0] ;
assign seg2_enb = 1'b0 ; // can use PWM
assign seg2_out = seg_out[15:8] ;

endmodule
```

图4-10中所示的"KEYIN编码""SWIN编码"这两个模块的本质就是将拨码开关输入信号、按键输入信号按顺序作为二进制数的不同位,代码中的以下部分实现的就是这样的功能:

wire [BIN_SIZE*CH_NUM-1:0] bin_code = { SWIN , KEYIN } ;

4.5 硬件系统验证

为在MAX10核心板上对上述子系统进行验证,可以构造代码4-5所示的工程顶层模块,它的主要部分用于例化seg7_disp_top模块。

代码4-5：工程顶层模块

```
module step_lesson
   (
   output wire [ 8:0]  SEG_DIG1  ,
   output wire [ 8:0]  SEG_DIG2  ,
   input wire [ 3:0] KEYIN ,
   input wire [ 3:0] SWIN  ,
   input wire    clkin
   );
////////// Internal Signal
  wire rstn = 1 ;
  parameter WIDTH    = 24  ;
  wire    seg1_enb ;
  wire [ 7:0] seg1_out ; //MSB~LSB = DP, G, F, E, D, C, B, A
  wire    seg2_enb ;
  wire [ 7:0] seg2_out ; //MSB~LSB = DP, G, F, E, D, C, B, A

  seg7_disp_top seg7_disp_top (
   /*output wire     */.seg1_enb ( seg1_enb ) ,
   /*output wire [ 7:0] */.seg1_out ( seg1_out ) ,
   /*output wire     */.seg2_enb ( seg2_enb ) ,
   /*output wire [ 7:0] */.seg2_out ( seg2_out ) ,
   /*input wire [ 3:0] */.KEYIN  ( KEYIN  ) ,
   /*input wire [ 3:0] */.SWIN  ( SWIN  ) ,
   /*input wire     */.clk  ( clkin  ) ,
   /*input wire     */.rstn  ( rstn  )
   ) ;

/// output Drivers
  assign SEG_DIG1[8:0] = { seg1_enb , seg1_out[7:0] } ;
  assign SEG_DIG2[8:0] = { seg2_enb , seg2_out[7:0] } ;

endmodule
```

对FPGA工程进行编译后，需要注意要对管脚位置进行约束。

把工程产生的下载文件烧录到核心板后，可以通过操作拨码开关、按键等，查看数码管的显示内容是否进行相对应的变化。

4.6 高手进阶：设计优化

实现二进制数转换为8421BCD码的模块bin2bcd中，还有一些地方可以进行优化。

首先，在模块bin2bcd中，设计了一个子模块bin2bcd_add3_func来实现加3操作的功能，其Verilog HDL设计结果如代码4-3所示。二进制数的每一位左移后，都要把8421BCD码以每4位为单元进行是否加3的判断处理，这个功能也可以用generate语句来实现。

另外，bin2bcd模块处理中，完成N位二进制数的转换，一共需要$2N$个时钟周期，即把每个位的操作分为两步：第一个时钟周期只完成左移操作；第二个时钟周期判断是否需要加3。是否可以在一个时钟周期内完成这两个操作？

在代码4-5中，输入FPGA的按键输入KEYIN、拨码开关输入SWIN，都是直接进入seg7_disp_top模块进行处理。更稳健的做法是先对KEYIN、SWIN做去抖处理，以防在按键过程中或者拨码开关位置切换过程中显示出现跳变。

上述3个优化点，交给读者自行完成。

4.7 小结

本章结合一些实际操作，完成了对如下内容的说明。

- 七段数码管的基本驱动方法。
- 字库的概念。
- 二进制数转换为8421BCD码的方法及其设计实现。

第5章

单总线温度传感器

5.1 单总线概述

前文介绍利用FPGA驱动LED、蜂鸣器、七段数码管等设备时，FPGA与这些设备都采用点对点的连接方式，也就是FPGA驱动这些设备时使用的管脚是相应设备专用的。在采用点对点的连接方式时，随着外部设备的增加，需要的FPGA管脚数量会相应增加，从这个角度看，一个FPGA能驱动的外设数量是有限的。如果使用总线技术，则可以大幅提升FPGA驱动的外设数量。

总线（Bus）技术是随着计算机系统复杂性的提高而引入的一种技术，它最初的目的是解决日益增加的外设数量与CPU有限的管脚之间的矛盾。如图5-1所示，输入设备、输出设备、存储器、运算器等外部设备，通过共享的数据总线、地址总线、控制总线与CPU内的不同功能单元进行通信，从而大大节省CPU与这些设备进行通信的管脚开销。

当然，连接在同一总线上的各个设备要能正常工作，必须遵循一定的总线协议。通常总线结构为主从架构，主设备与从设备之间采用请求-应答机制：由主设备负责发起事务，包括其他设备的控制、各个设备之间有通信冲突时进行仲裁等；各个从设备响应主设备发出的事务请求，从而完成数据通信，如图5-2所示。在主从架构下，下行链路完成主设备到从设备的数据传输，对应地，上行链路完成从设备到主设备的数据传输。

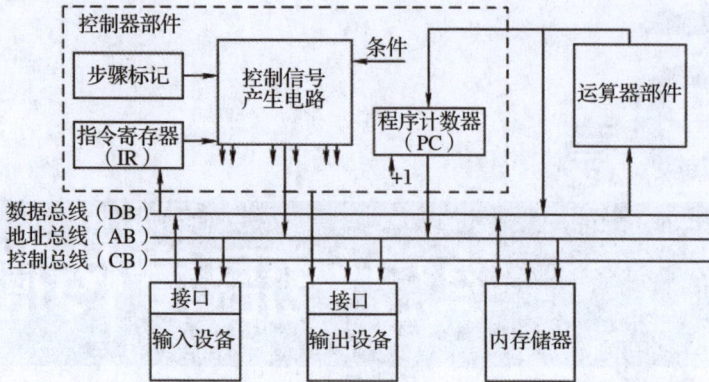

图 5-1

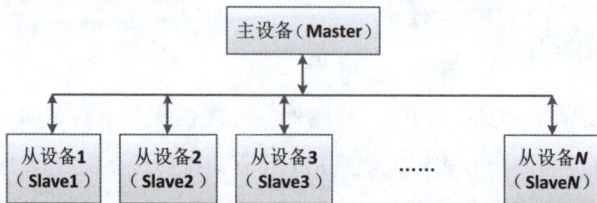

图 5-2

总线技术在计算机领域得到长足发展，从最初的S100总线逐步发展出ISA、EISA、VESA、PCI、PCIe等总线，数据传输带宽越来越高，管脚数量越来越少。在其他领域，总线技术也被广泛应用，形成了各种各样的总线，比如常见的I^2C总线、SPI总线、CAN总线等。USB（Universal Serial Bus，通用串行总线）也是一种总线。

总线通常由多根信号线组成，根据功能这些信号线可分为数据总线、地址总线、控制总线等。单总线（1-Wire Bus）是只需要一根数据线的总线，多个设备通过一根数据线进行通信。由于其信号数量少，所以在各种电子设备、电子器件中普遍使用。

本章以温度传感器DS18B20为例，说明单总线的概念与基本操作。需要强调的是，任何只使用一根信号线完成数据通信的总线都可以称为单总线，所以本章介绍的总线协议只是DS18B20这个器件使用的通信协议。其他任何使用单总线的器件，都有可能使用与本章的描述完全不同的通信协议。

5.2 温度传感器DS18B20概述

DS18B20是美信（Maxim）公司生产的一种数字温度传感器器件，它能提供从$-55℃$到$125℃$的温度检测范围，可以编程为9位到12位的温度格式，分别对应$0.5℃$、$0.25℃$、$0.125℃$、$0.0625℃$的温度分辨率。它采用了独特的单总线结构，并在每个器件内置了一个48位宽的串行序列号，因此理论上一条总线上最多可以接2^{48}个DS18B20。DS18B20还提供灵活的供电方式，可以不需要备份电源而直接通过数据线供电。

本章介绍用DS18B20设计一个数字温度计：用小脚丫MAX10核心板上的FPGA作为主处理器，FPGA读取到DS18B20的温度值后，将之转化为BCD码，然后用七段数码管显示十进制的温度值，图5-3所示为该数字温度计的系统功能示意。

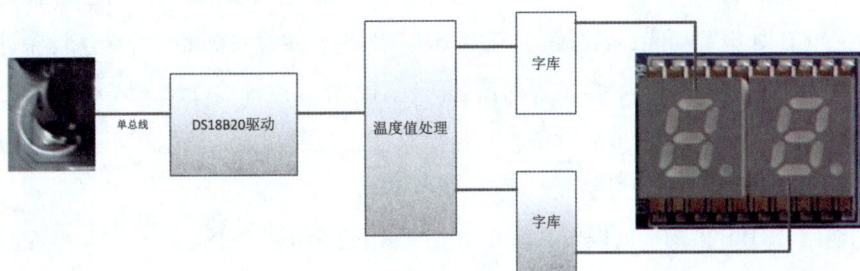

图 5-3

图5-3中用"DS18B20驱动"来描述对温度传感器DS18B20的操作。通常情况下，驱动一词带着方向性，是一种下行方向的操作，比如前文介绍的FPGA驱动LED、蜂鸣器等，这时FPGA是输出信号给被驱动设备，从而让这些设备表现发生变化。在电子系统开发领域，驱动通常被赋予更广泛的含义，不仅FPGA、MCU、CPU等主设备输出信号去驱动外部设备，主设备内用于完成与从设备数据通信的任何组件也都被称为驱动，即处理上下行链路的全部组件均可以称为驱动。在图5-3中，"DS18B20驱动"完成的就是从DS18B20读取温度值的操作。因此，前文介绍的LED、蜂鸣器的控制模块，都可以称为FPGA对这些外设的驱动模块。

要点提示　熟悉MCU开发的读者，应该更容易理解驱动的含义。

5.3　温度传感器DS18B20驱动设计

在没有数据通信时，需要总线处于空闲状态。DS18B20所使用的单总线定义空闲状态为高电平，所以在使用DS18B20时，总线上需要加一个上拉电阻器，以保证在没有数据通信时总线处于空闲状态。

5.3.1　DS18B20操作流程说明

对任何器件的应用都必须基于其器件手册的说明。DS18B20本身包含很复杂的功能（比如报警功能；其总线上有多个从设备时，主设备需要对每个从设备进行区分等），各个功能都有特定的操作流程。针对数字温度计的设计，MAX10核心板上只使用了一个DS18B20从设备，并且没有使用报警功能，所以本小节仅针对需要执行的步骤进行概括性说明。

访问DS18B20的任何操作，都必须按照以下3个步骤进行。

1. 初始化（Initialization）。

2. 执行ROM命令。

3. 执行DS18B20功能命令。

概括来说，初始化阶段是为了检测总线上是否有从设备存在，执行ROM命令阶段是为了在多个从设备中对目标从设备进行寻址，执行DS18B20功能命令阶段是为了让目标从设备执行相应操作。

DS18B20一共设置了6个功能命令，每个功能命令执行前都必须先执行初始化、执行ROM命令。

一、初始化

初始化分为两个阶段：第一个阶段是主设备发出"复位脉冲"，第二阶段是从设备响应复位脉冲，发出"在线脉冲"。由于只有一根信号线，总线空闲状态是高电平，所以不管是主设备还是从设备，发出操作都是将总线驱动到低电平后再释放

对总线的驱动。由于主、从设备都不再驱动总线，所以外部上拉电阻器会将总线拉
回高电平的空闲状态。图5-4所示为DS18B20手册中提供的单总线初始化过程中的
复位脉冲（RESET PULSE）、在线脉冲（PRESENCE PULSE）的时序。

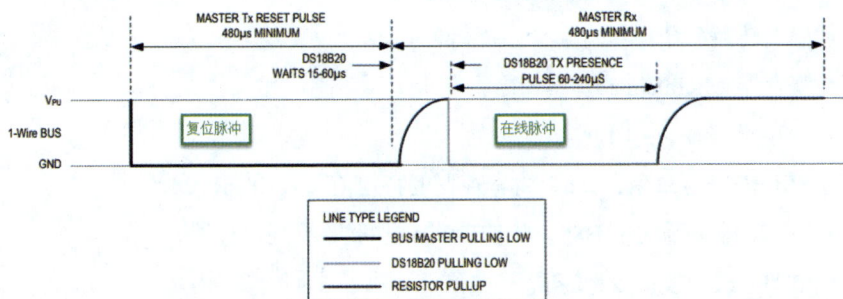

图 5-4

主设备的复位脉冲必须足够宽（480μs），以保证总线上各个从设备有充分的响
应时间。主设备在复位脉冲后释放总线，等待15μs后开始监测总线状态，如果在
480μs之内都没有检测到总线被拉低，表明总线上没有可访问的从设备。

总线上如果有DS18B20器件，它在检测到复位脉冲后，等主设备释放总线驱
动，通过将总线拉低向主设备表明自己进入工作状态，可以接受后续操作命令。如
图5-4所示，从设备必须在总线被拉高15μs之后才能响应，并且驱动总线到低电平
的时间也要足够长（60～240μs）。

二、执行ROM命令

主设备检测到有从设备响应后需执行ROM命令，相当于对总线上特定的从设
备进行寻址。DS18B20一共规定了5个ROM命令，各个命令均为一字节。

- ROM读命令：33h。
- ROM匹配命令：55h。
- ROM搜索命令：F0h。
- 告警搜索命令：ECh。
- ROM跳过命令：CCh。

有些命令需要特定的参数数据。ROM跳过命令表示主设备同时对总线上的全
部从设备进行寻址，它不需要任何参数。当总线上只有一个从设备时，不需要寻址

过程，只需要执行ROM跳过命令。

三、执行DS18B20功能命令

功能命令用于确定从设备执行的具体操作。DS18B20一共设置了6个功能命令，每个命令也是一字节。

- 温度转换命令：44h。
- 寄存器（Scratchpad）写命令：4Eh。
- 寄存器读命令：BEh。
- EEPROM写命令：48h，将寄存器的特定值写入EEPROM。
- EEPROM读命令：B8h，从EEPROM加载数据到寄存器。
- 电源模式回读命令：B4h。

温度转换命令是DS18B20将温度传感器的信息转换为温度值的触发命令。DS18B20可以编程为支持9到12位的温度精度，不同的温度精度下DS18B20执行温度转换命令所需的时间不同。在完成温度转换前，如果主设备执行寄存器读命令，DS18B20将反馈低电平，表示自己依然处于繁忙状态，无法响应回读请求。只有在温度转换完成并将温度值写入寄存器的指定字节后，主设备才能从DS18B20读到特定的温度值。

需要注意的是，在温度转换完成后，主设备不能直接执行寄存器读命令，而是必须重新从初始化开始执行。

四、单总线位编码方式

在MAX10核心板的单总线上只有一个DS18B20设备，并且硬件设计上没有采用寄生电源的方式。对DS18B20的操作流程如图5-5所示。

在这个流程中，多数时间都是主设备向DS18B20发起数据传输，即进行从设备写操作；只有两个地方是从设备向主设备写数据：一是两处"初始化"的步骤，如前所述，从设备在检测到复位脉冲后，向主设备发出在线脉冲；二是在"BEh（寄存器读命令）"中，这时从设备收到操作命令后向主设备传输多字节的数据。

除了复位脉冲、在线脉冲外，主设备与从设备之间的通信都是以字节为单位的，每字节包含8位。由于只有一根数据线，所以主设备向从设备写一字节时，8位从低到高按顺序在总线上传输。

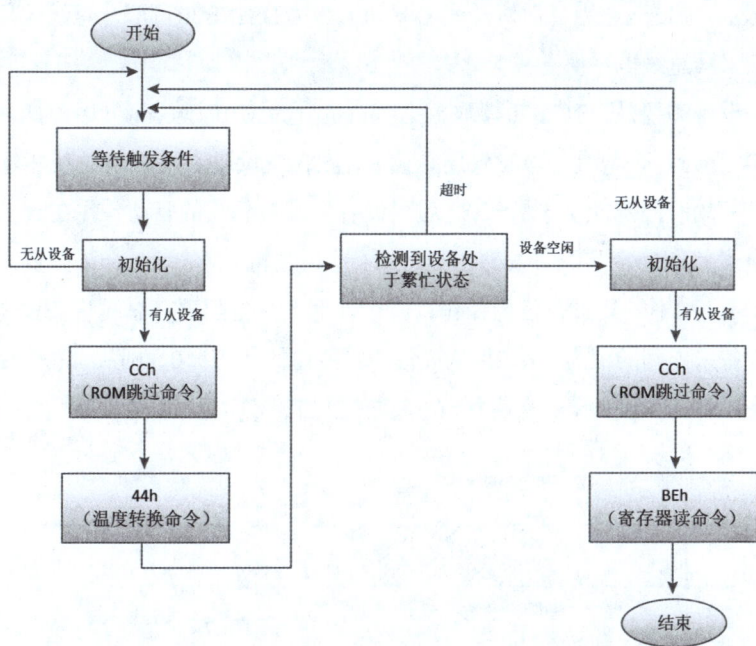

图 5-5

在单总线中，把主设备向从设备写0、写1分别称为写0时隙、写1时隙，DS18B20器件手册提供了图5-6所示的操作时序。

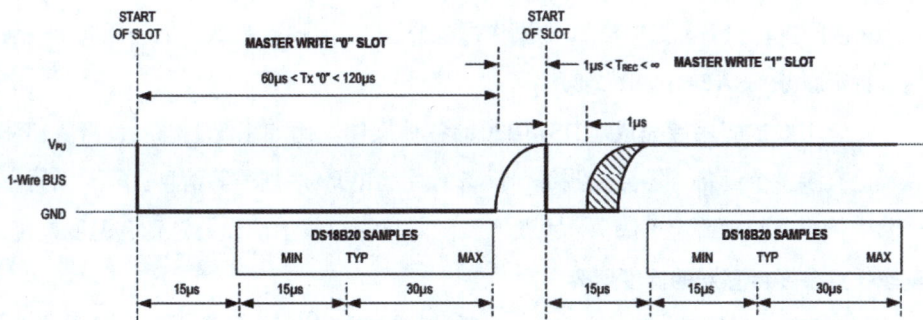

图 5-6

写0时隙时主设备驱动总线到低电平，并且驱动时间不少于60μs（最长120μs），然后释放对总线的驱动。

写1时隙同样需要主设备先驱动总线到低电平，但是驱动时间变短：必须大于

1μs，但必须在15μs之内释放对总线的驱动，因为DS18B20可能在总线被拉低15μs之后开始采样总线电平值。

当主设备需要从DS18B20读取数据时，也分为读0时隙、读1时隙两种，其时序如图5-7所示。不管是读0时隙还是读1时隙，主设备都要先将总线驱动到低电平，并且驱动时间不能小于1μs，之后主设备释放对总线的驱动，并在15μs之内采样总线电平状态确定从设备发回的是逻辑0还是逻辑1。从设备如果是要向主设备传输逻辑1，则不需要进行任何操作，由于外部上拉电阻器，总线将被拉高到高电平，主设备采样到的值为1；如果从设备需要传输的是逻辑0，则从设备会驱动总线到低电平，并在主设备采样后再释放，这样主设备从总线上采样到的值就是0。

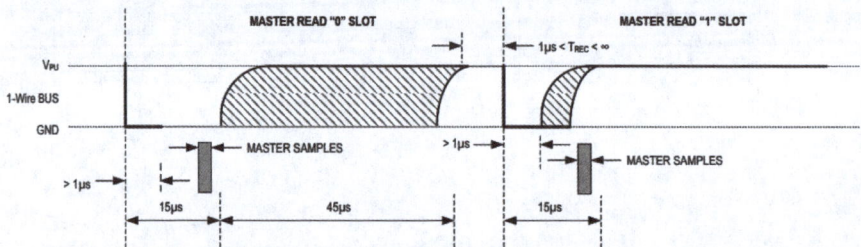

图 5-7

5.3.2 DS18B20操作流程层次化分解

可以把主控设备对DS18B20的操作过程分解为以下3个层次，低一层向上一层提供特定服务（SAP），如图5-8所示。

• 应用层：应用层完成对DS18B20的各种操作。比如系统上电后，需要侦测总线上有多少个设备、需要检测每个设备的特定ROM序列号等信息；需要设置每个温度传感器的报警温度阈值。系统需要随时检测总线上的设备是否有温度报警，读取任意温度传感器的温度值等。

• MAC（Media Access Control，介质访问控制）层：根据应用层的指定请求，转换为初始化、ROM命令、功能命令等3个步骤，并将每个步骤转换为对物理层的操作。对从设备进行写操作时，将对应的命令转换成串行位流发送请求，比如ROM跳过命令是向从设备写入十六进制的CCh，用二进制表示为11001100b，因此转换为如下的位流请求：

写0时隙（最低位）→写0时隙→写1时隙→写1时隙

→写0时隙→写0时隙→写1时隙→写1时隙（最高位）

而从DS18B20读取寄存器值的命令为BEh，用二进制表示为10111110b，因此转换为如下的位流请求：

写0时隙（最低位）→写1时隙→写1时隙→写1时隙

→写1时隙→写1时隙→写0时隙→写1时隙（最高位）

主设备需要从DS18B20读取温度值时，发送功能命令BEh后需要从DS18B20读取多个（N，最大值为9）字节的内容，即向从设备发起$N \times 8$次读请求。

• 物理层：物理层根据MAC层的请求完成对单总线的操作，并将操作结果进行反馈（应答）。物理层提供6种服务：发送复位脉冲、检测在线脉冲、写0时隙、写1时隙、读0时隙、读1时隙。

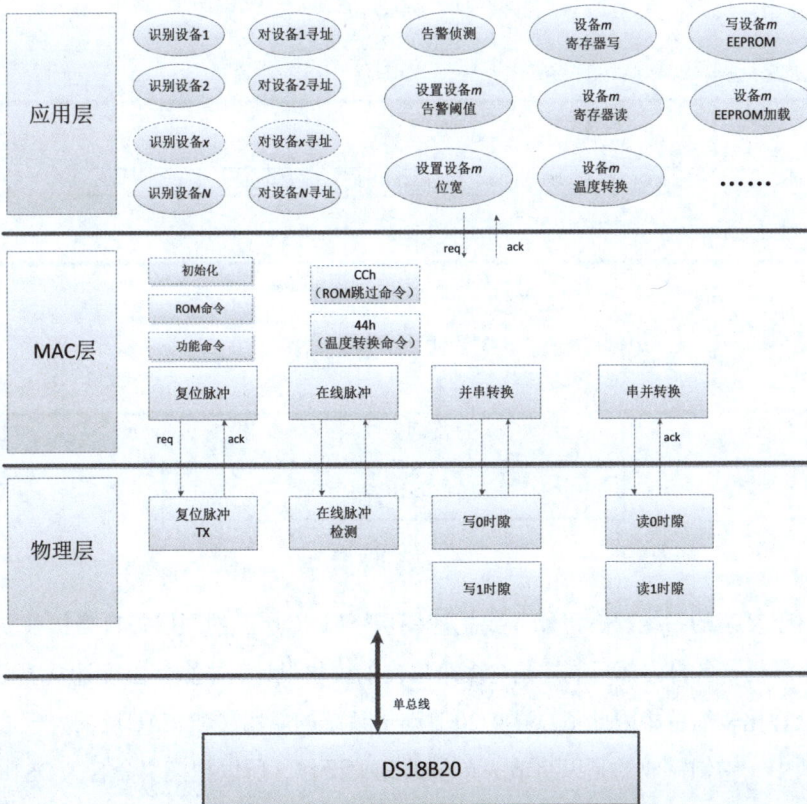

图5-8

可以看到不管是写0、写1，还是读0、读1，物理层的位操作使用时间都是60μs，所以复位脉冲、在线脉冲可以理解为8个特殊的位，即可以把复位脉冲当作是写8个位0，而在线脉冲就是从设备输出8个位0。当然，它不是连续的8次写0时隙、读0时隙，因为两次写0时隙、读0时隙之间必须有最少1μs的空闲周期（而复位脉冲、在线脉冲是连续的低电平）。

5.3.3 DS18B20驱动子系统的层次化模块设计

基于图5-8可以把数字温度计系统也划分为应用层子系统、MAC层子系统、物理层子系统，如图5-9所示。其中应用层只包含两个流程的处理：温度转换流程、读温度流程。

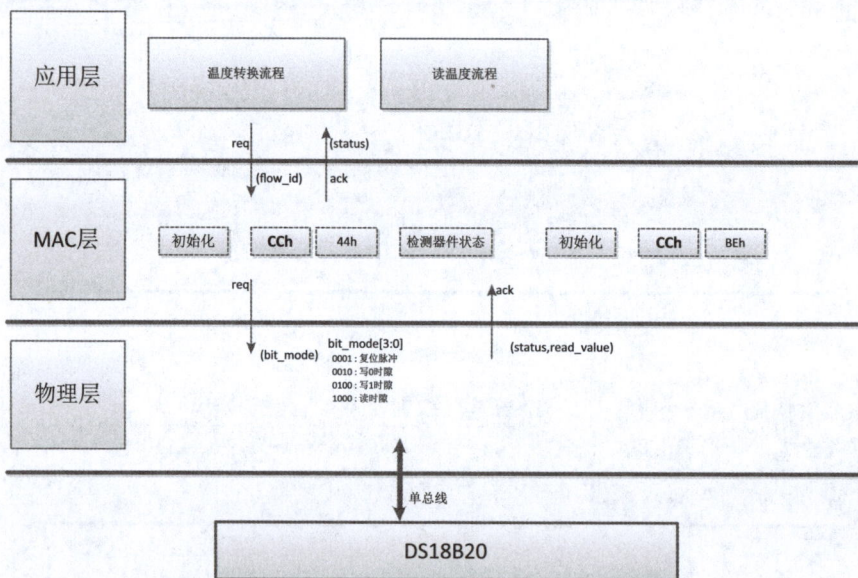

图 5-9

对于复杂的系统，有可能需要把应用层、MAC层、物理层各自当作独立的子系统来设计，各自内部可能还包含多个层次的模块设计。本数字温度计系统对传感器的处理比较简单，因此把DS18B20驱动子系统的应用层和MAC层的处理放到一个模块中，它们完成的是以字节为单位的相关操作，所以把模块命名为DS18B20_byte_layer；把物理层的处理放到另外一个模块中，命名为DS18B20_phy，它完成

的是以位为单位的相关操作。与单总线进行连接的是DS18B20_phy模块，图5-10
所示为模块连接方式。

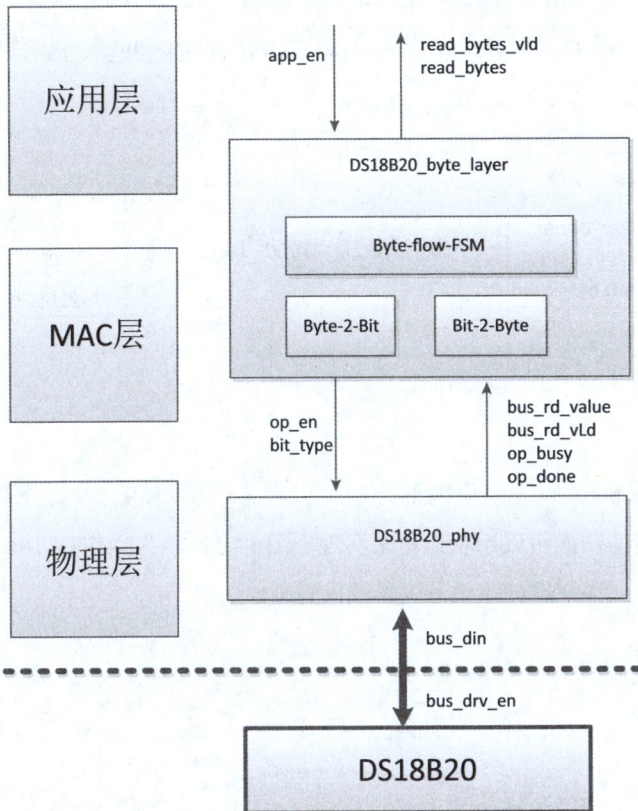

图 5-10

一、应用层/MAC层设计

DS18B20_byte_layer模块完成对应用层和MAC层的处理。在外部输入有效的
app_en信号后，将"温度转换流程""读温度流程"转换为一系列字节序列，并把
每字节转换为串行的位操作请求op_en和对应的位操作编码bit_type。如5.3.2小节
所述，复位序列可以被处理为特殊的字节。

模块采用请求-应答模型架构，如图5-11所示，更高层需要应用层执行特定操
作时，使能app_en触发请求，请求类型通过app_type传输。本设计只有一种请求，
就是读取DS18B20的温度值，所以不需要app_type信号；模块处理完成后，通过

app_done进行应答,并将处理得到的温度值通过read_bytes反馈给高层。

在模块操作过程中,模块需要与物理层进行交互,通过bus_op_trig触发对物理层的操作请求,物理层模块输出bit_op_done、bus_rx_bit作为操作请求的应答(其中bit_op_done表示对应的操作请求已经完成,bus_rx_bit表示读到的数据)。

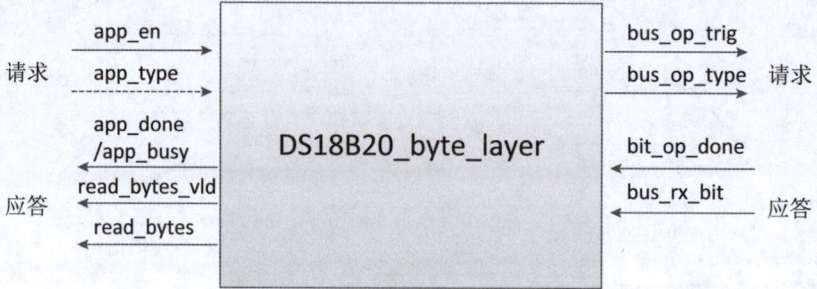

图 5-11

DS18B20_byte_layer模块内部处理可以参考图5-5和图5-9的分析,这种按照既定流程运行的功能可以用状态机来实现。图5-12所示为操作DS18B20的状态机,简单说明如下,详细设计结果可以参考代码5-1。

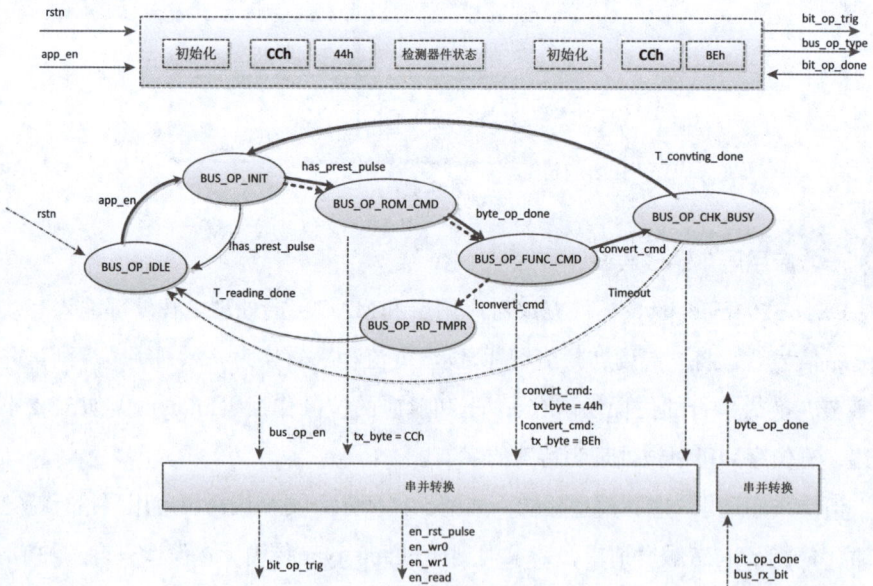

图 5-12

　　"温度转换流程""读温度流程"中都有"初始化"功能模块，且ROM命令阶段都是用"ROM跳过命令（44h）"，所以该状态机中，两个流程共用状态"BUS_OP_INIT"和"BUS_OP_ROM_CMD"。

　　在状态"BUS_OP_FUNC_CMD"中，两个流程共用控制信号，但是发送不同的字节内容给物理层："温度转换流程"发送的是44h，"读温度流程"发送的是BEh。这两个流程还有一个差异点：在"温度转换流程"中，从状态"BUS_OP_FUNC_CMD"进入"BUS_OP_CHK_BUSY"时，是通过读时隙判定从设备已经完成温度的转换的；而在"读温度流程"中，是进入"BUS_OP_RD_TMPR"状态，读取从设备DS18B20的相应寄存器。

　　两个流程的处理差异通过信号convert_cmd来区分：convert_cmd为高电平时表示"温度转换流程"，为低电平时表示"读温度流程"。所以在从空闲状态"BUS_OP_IDLE"进入"BUS_OP_INIT"状态时，将convert_cmd赋值为1，表示先执行"温度转换流程"；从"BUS_OP_CHK_BUSY"进入"BUS_OP_INIT"状态时，将convert_cmd赋值为0，表示执行"读温度流程"。具体代码可以参考代码5-1，代码中的注释对一些处理进行了说明。

代码5-1：DS18B20_byte_layer模块状态机参考代码

```
module DS18B20_byte_layer #(
    parameter RD_BYTE_NUM = 9 )
    (
    output wire              app_busy    ,
    output wire              app_done    ,
    output wire              read_bytes_vld ,
    output wire [8*RD_BYTE_NUM-1:0] read_bytes   ,
    output wire              bus_op_trig ,
    output wire [3:0]        bus_op_type   ,
    input wire               bit_op_done ,
    input wire               bus_rx_bit  ,
    input wire               app_en      ,
    input wire               clk         ,
    input wire               rstn
    );

    localparam CODE_SKIP_ROM    = 8'hCC ;
    localparam CODE_CONVERT_T   = 8'h44 ;
```

```
    localparam CODE_READ_SCTVHPAD = 8'hBE ;
  reg byte_op_done ;
  reg app_op_busy ;
  reg app_op_done ;

  // DS18B20 Read Temperature Flow for only 1 DS18B20 on bus:
  //   stg1 : make DS18B20 convert temperature
  //   1, Initialization : Reset Pulse, and then detect presence pulse
  //   2, ROM Command : Skip ROM , command code :hCC
  //   3, Function Command : Convert T , command code : h44
  //   4, Read Time Slot, to make sure DS18B20 temperature convert Finish
  //   read until get bit 1. bit 0 indicate on processing
  //   stg2 : Read temperature from DS18B20's scratchpad
  //   1, Initialization : Reset Pulse, and then detect presence pulse
  //   2, ROM Command : Skip ROM , command code :hCC
  //   3, Function Command : Read Scratchpad , command code :hBE
  //   4, 16 (or 72)  Read Time Slot
  //模块中的注释尽量不使用中文，因为有些编译器或者仿真工具无法识别中文
  // bus staus:
  // 1, presence pulse : 0 OK, 1 NG
  // 2, read after convert T command : 0 in progress; 1 : done
  localparam Presence_Pulse_OK = 1'b0 ;
  localparam ConvertT_DONE   = 1'b1 ;
    wire has_prest_pulse = ( bus_deal_cur == BUS_OP_INIT)
              & bus_rx_bit == Presence_Pulse_OK ;
    wire T_convting_done = bus_rx_bit == ConvertT_DONE   ;

    wire error_no_presence_pulse = ( bus_deal_cur == BUS_OP_INIT)
            & byte_op_done & (!has_prest_pulse) ;
      //将一部分组合逻辑处理用一个信号赋值的方式单独列出来，以方便仿真使用
reg [7:0] tx_byte   ;
  reg    bus_op_en ;
  reg    convert_cmd ; // indicate 1st stage
  reg    T_reading_done ; // indicate all Bits are read
  /// define FSM states : 5 state , except IDLE
  localparam ST_NUM = 5 ;
  reg [ST_NUM-1:0] bus_deal_nxt ;
  wire [ST_NUM-1:0] bus_deal_cur = bus_deal_nxt ;
    localparam BUS_OP_IDLE   = 'h0;
```

```
localparam BUS_OP_INIT    = 'h1 ;
localparam BUS_OP_ROM_CMD  = 'h2 ;
localparam BUS_OP_FUNC_CMD = 'h4 ;
localparam BUS_OP_CHK_BUSY = 'h8 ;
localparam BUS_OP_RD_TMPR  = 'h10 ;


// 状态迁移处理
always @ ( posedge clk , negedge rstn )
  if (!rstn)
    bus_deal_nxt <= BUS_OP_IDLE ;
  else
    case ( bus_deal_cur )
      BUS_OP_IDLE    :
       if ( app_en ) bus_deal_nxt <= BUS_OP_INIT ;
      BUS_OP_INIT    :
       if ( byte_op_done )
        bus_deal_nxt <= has_prest_pulse ? BUS_OP_ROM_CMD
                 : BUS_OP_IDLE ;
           // 如果在指定时间内没有检测到在线脉冲, 总线上没有从设备
           // 则回到空闲状态
      BUS_OP_ROM_CMD :
       if (byte_op_done) bus_deal_nxt <= BUS_OP_FUNC_CMD ;
      BUS_OP_FUNC_CMD :
       if ( byte_op_done )
        bus_deal_nxt <= convert_cmd ? BUS_OP_CHK_BUSY
                 : BUS_OP_RD_TMPR ;
      BUS_OP_CHK_BUSY :
       if ( byte_op_done & T_convting_done )
         bus_deal_nxt <= BUS_OP_INIT ;
      BUS_OP_RD_TMPR :
       if ( byte_op_done & T_reading_done )
         bus_deal_nxt <= BUS_OP_IDLE ;
      default : bus_deal_nxt <= BUS_OP_IDLE ;
    endcase
      // 状态的跳转都在byte_op_done时间点完成
      // T_reading_done 的处理并不在这一段代码中, 而是在后续的串并转换中
      // 因为T_reading_done 的处理需要使用位处理计数器
// 以下为状态信号处理代码块
always @ ( posedge clk , negedge rstn )
  if (!rstn)
```

137

```
    begin
     tx_byte    <= 0 ;
     bus_op_en  <= 0 ;
     convert_cmd <= 0 ;
    end
   else
     case ( bus_deal_cur )
       BUS_OP_IDLE   :
        begin
         if ( app_en ) convert_cmd <= 1 ;  // 在触发流程时开始温度转换流程
         else convert_cmd <= 0 ;
         tx_byte    <= 0 ;
         if ( app_en ) bus_op_en <= 1 ;  // 触发并串转换处理 ( 以及物理层操作 )
         else bus_op_en <= 0 ;
        end

       BUS_OP_INIT   :
        begin
         bus_op_en  <= has_prest_pulse ;// 有在线脉冲时才触发后续处理
         if ( has_prest_pulse ) tx_byte <= CODE_SKIP_ROM ;
          // 注意这里处理有错误!
        end

       BUS_OP_ROM_CMD :
        begin
         if ( byte_op_done ) tx_byte <= convert_cmd ? CODE_CONVERT_T
                             : CODE_READ_SCTVHPAD ;
         bus_op_en <= byte_op_done ; // 触发下一个命令处理
        end

       BUS_OP_FUNC_CMD :
         begin
          bus_op_en  <= byte_op_done ;  // 触发下一个命令处理
           // convert_cmd, 跳转到 BUS_OP_CHK_BUSY 状态
           // temp read, 跳转到 BUS_OP_RD_TMPR 状态
         end

       BUS_OP_CHK_BUSY :
         begin
          bus_op_en  <= bit_op_done ;
```

```
            if (byte_op_done) convert_cmd <= 0 ; // go to temp read flow
        end

    BUS_OP_RD_TMPR :
     begin
      bus_op_en  <= 0 ;
     end

    default :
     begin
      tx_byte   <= 0 ;
      bus_op_en <= 0 ;
     end

  endcase

// 模块后续代码还有两段，参考代码 5-2、代码 5-4
```

在这段代码的状态机处理逻辑中，并没有给出 byte_op_done 的处理。这是因为每个状态的 byte_op_done 与物理层返回的 bit_op_done 大相径庭，分析如下。

BUS_OP_CHK_BUSY 状态：处于该状态时，主设备发起一次读操作，然后判定从设备发回的值。每次只有一个位的操作，把 bit_op_done 当作 byte_op_done 使用。

BUS_OP_INIT 状态：该状态处理复位脉冲和在线脉冲。5.3.2 小节的分析说明，复位脉冲和在线脉冲都可以当作比较特殊的字节，因此在物理层直接处理，把 bit_op_done 当作 byte_op_done 使用。

BUS_OP_ROM_CMD、BUS_OP_FUNC_CMD 状态：这两个状态完成相应命令字节到 8 个位的并串转换过程，每个位处理完成后，物理层都会返回一个有效的 bit_op_done，接收 8 个 bit_op_done 表示处理完一字节，输出 byte_op_done。

BUS_OP_RD_TMPR：这是主设备读取从设备数据的过程，根据不同情况，可能会读取不同字节数量的内容。本设计只需要两字节的温度值，需要两次 8 位的串并转换过程，即一共需要接收 16 个 bit_op_done 才输出 byte_op_done。

概括来说，有些状态下可以直接使用 bit_op_done，有些状态下却需要并串转换或者串并转换后才能得到byte_op_done，这也是把byte_op_done的处理放在后续的并串转换/串并转换中处理的原因。

并串转换有多种实现方式。第一种方式是用一个计数器，开始处理时把计数器清零，每处理完一个位计数器加1，这样根据计数器的值就知道是该选择并行数据中的哪一个位输出。这种设计方式的本质是一个多路数据选择器（Multiplexer，MUX）。

第二种方式是使用移位寄存器。这种方式包括低位先传、高位先传两种。低位先传时，操作一开始把数据写入移位寄存器，每个处理节拍后移位寄存器向低位移动一位（右移），每次选择移位寄存器的最低位输出；高位先传时，就向高位移动一位（左移），每次选择移位寄存器的最高位输出。代码5-2是采用移位寄存器方式实现的参考代码。

代码5-2：DS18B20_byte_layer模块并串转换处理参考代码

```
// 这段代码之前为DS18B20_byte_layer模块状态机部分代码，参考代码5-1
///////////////// make byte to bit sequence
  reg    bit_op_trig ;
  reg    bit_op_trig_dly ;
  reg [2:0] bit_cnt ;
  reg [3:0] byte_cnt ;
  reg [7:0] tx_byte_shift ;
  reg    en_rst_pulse ;
  reg    en_wr0    ;
  reg    en_wr1    ;
  reg    en_read   ;

wire st_init   = bus_deal_cur[0] ;
wire st_tx_cmd = bus_deal_cur[1] | bus_deal_cur[2] ;
wire st_chk_busy = bus_deal_cur[3] ;
wire st_read_bus = bus_deal_cur[4] ;

wire   T_reading_done_comb = bit_cnt == 7
       & byte_cnt == (RD_BYTE_NUM-1) ;

always @ ( posedge clk , negedge rstn )
  if (!rstn)
   begin
```

```
        bit_cnt    <= 0 ;
        byte_cnt   <= 0 ;
        en_rst_pulse <= 0 ;
        en_wr0     <= 0 ;
        en_wr1     <= 0 ;
        en_read    <= 0 ;
        byte_op_done <= 0 ;
        tx_byte_shift <= 0 ;
        bit_op_trig <= 0 ;
        T_reading_done <= 0 ;
       end
      else if ( st_init )
       begin
        bit_cnt    <= 0 ;
        byte_cnt   <= 0 ;
        en_rst_pulse <= 1 ;
        en_wr0     <= 0 ;
        en_wr1     <= 0 ;
        en_read    <= 0 ;
        byte_op_done <= bit_op_done ;
        tx_byte_shift <= 0 ;
        bit_op_trig <= bus_op_en ;
        T_reading_done <= 0 ;
       end
      else if ( st_tx_cmd )
       begin
        if ( bit_op_done ) bit_cnt <= bit_cnt + 1 ;
        en_rst_pulse <= 0 ;
        en_wr0     <= !tx_byte_shift[0] ;
        en_wr1     <= tx_byte_shift[0] ;
        en_read    <= 0 ;
        if ( bus_op_en ) tx_byte_shift <= tx_byte ; // load tx_byte
        else if ( bit_op_done ) tx_byte_shift <= tx_byte_shift >> 1 ;
        byte_op_done <= bit_op_done & bit_cnt == 7 ;
        bit_op_trig <= bus_op_en | ( bit_op_done & bit_cnt != 7 ) ;
                // 状态机使能 bus_op_en 时触发第一个位处理请求
                // 物理层每次返回 bit_op_done 就触发下一个位的处理请求
                // 最后一个 bit_op_done 不能再触发新的位处理请求
       end
      else if ( st_chk_busy )
```

```
      begin
       bit_cnt   <= 0 ;
       en_rst_pulse <= 0 ;
       en_wr0    <= 0 ;
       en_wr1    <= 0 ;
       en_read   <= 1 ;
       byte_op_done <= bit_op_done & ( bus_rx_bit == ConvertT_DONE ) ;
              // 要不要加超时处理?
       bit_op_trig <= bus_op_en ;
      end
    else if ( st_read_bus )
      begin
       if ( bit_op_done ) bit_cnt <= bit_cnt + 1 ;
       if ( byte_op_done ) byte_cnt <= 0 ;
       else if ( bit_op_done & bit_cnt == 7 ) byte_cnt   <= byte_cnt + 1 ;
       en_rst_pulse <= 0 ;
       en_wr0    <= 0 ;
       en_wr1    <= 0 ;
       en_read   <= 1 ;
       byte_op_done <= bit_op_done & T_reading_done_comb ;
       bit_op_trig <= bus_op_en
          | ( bit_op_done & !T_reading_done_comb ) ;
              // 同样，最后一个 bit_op_done 要忽略
       T_reading_done <= bit_op_done & T_reading_done_comb ;
      end
    else // IDLE
      begin
       bit_cnt   <= 0 ;
       byte_cnt   <= 0 ;
       en_rst_pulse <= 0 ;
       en_wr0    <= 0 ;
       en_wr1    <= 0 ;
       en_read   <= 0 ;
       byte_op_done <= 0 ;
       bit_op_trig <= 0 ;
       T_reading_done <= 0 ;
      end
    // 这段代码之后为 DS18B20_byte_layer 模块串并转换处理，参考代码5-4
```

142

这段代码用st_init、st_tx_cmd、st_chk_busy、st_read_bus等信号构造了一个if…else…语句块,这4个信号与代码5-1中的5个状态是对应的。因此也可以不产生这4个信号,而采用代码5-1中对5个状态进行判断的case语句的方式。

对于采用独热编码的状态机,可以使用case(1)的代码形式,参考代码5-3。

代码5-3:case(1)的用法参考代码

```
always @ ( posedge clk , negedge rstn )
    if (!rstn)
    //各个信号复位状态描述
    else
    case(1)
     st_init :
      begin
        //各个信号处理
      end
     st_tx_cmd : //各个信号处理
     st_chk_busy : //各个信号处理
     st_read_bus : //各个信号处理
    default : //各个信号处理
    endcase
```

从DS18B20中读取一字节的内容时需要使用串并转换处理。与并串转换处理类似,串并转换也可以用计数器的方式或者移位寄存器的方式实现。当采用移位寄存器结构时,可以在操作开始时把移位寄存器清零,高位先传时,每接收一位,移位寄存器向高位移动一位(左移),接收的位写入移位寄存器的最低位;低位先传时,每接收一位,移位寄存器向低位移动一位(右移),接收的位写入移位寄存器的最高位。这样,当全部位接收完成时,移位寄存器中的内容就是串并转换的处理结果。

从DS18B20可以一次读取多字节的内容,把需要读取的字节数量参数化设计为RD_BYTE_NUM。读取8×RD_BYTE_NUM位后,结束BUS_OP_RD_TMPR状态,具体设计代码参考代码5-4。

代码5-4：DS18B20_byte_layer模块串并转换处理参考代码

```verilog
// 这段代码之前为DS18B20_byte_layer模块前半部分代码，参考代码5-1、代码5-2
/////////// read data buffer

    reg [8*RD_BYTE_NUM-1:0] read_byte_buf ;
    reg [8*RD_BYTE_NUM-1:0] read_byte_lock ;
    reg [15:0] TMP_data ;
    reg     TMP_data_vld ;
    always @ ( posedge clk , negedge rstn )
      if (!rstn)
      begin
        read_byte_buf <= 0 ;
        read_byte_lock <= 0 ;
        TMP_data    <= 0 ;
        TMP_data_vld <= 0 ;
      end
      else
      begin
        TMP_data_vld <= st_read_bus & byte_op_done ;
        if ( st_read_bus & bit_op_done )
          read_byte_buf <= {bus_rx_bit ,
                      read_byte_buf[8*RD_BYTE_NUM-1:1] } ;
// LSbit First
        if ( st_read_bus & byte_op_done )
                      read_byte_lock <= read_byte_buf ;
        if ( st_read_bus & byte_op_done )
                      TMP_data    <= read_byte_buf[15:0] ;
      end

    always @ ( posedge clk , negedge rstn )
      if (!rstn)
        bit_op_trig_dly <= 0 ;
      else
        bit_op_trig_dly <= bit_op_trig ;
//// Output Drivers
    assign bus_op_trig = bit_op_trig_dly ; // delay 1 cycle for bit
    assign bus_op_type = { en_read, en_wr1, en_wr0, en_rst_pulse} ;
    assign app_busy    = app_op_busy ;
    assign app_done    = app_op_done ;
```

```
    assign read_bytes_vld = TMP_data_vld ;
    assign read_bytes   = read_byte_lock ;

endmodule
```

二、物理层设计

DS18B20驱动模块的物理层完成对单总线的6种操作的具体执行，并将操作结果反馈给高层。这6种操作分别是发送复位脉冲、检测在线脉冲、写0时隙、写1时隙、读0时隙、读1时隙。从图5-7可以看出，读0时隙、读1时隙这两种操作都是在操作开始时将总线拉低，然后再在特定时间点读取总线电平值，所以这两个操作本质上是同一种操作，都是从DS18B20读取一位，最后由反馈给高层的不同值（bus_rd_value）确定是读0时隙还是读1时隙。

模块采用请求—应答架构，如图5-13所示，高层使能op_en发出操作请求（请求的具体内容包含在bit_type信号中）。物理层执行该操作时，拉高op_busy表示还在处理过程中，处理完成后拉低op_busy，并拉高op_done通知高层对应的操作请求处理完毕。物理层用bus_rd_value表示获得的总线电平值，并用bus_rd_vld作为数据有效标志。

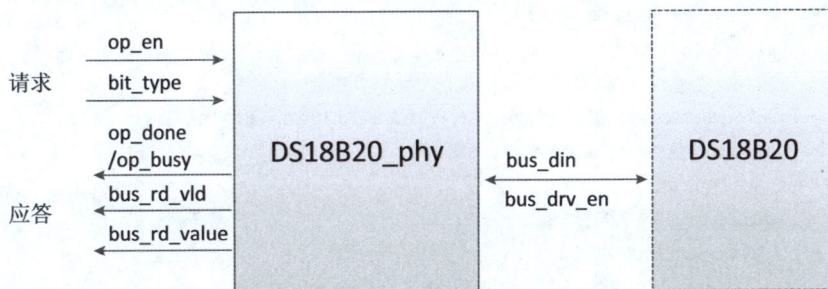

图5-13

在物理层处理过程中需要读取总线电平值时，通过bus_din信号采样单总线；需要驱动总线（把总线拉到低电平）时，拉高bus_drv_en通知高层。由于单总线通过时分复用实现输入、输出，所以bus_drv_en驱动总线时需要做特定的处理，这在5.4节再进行说明。

代码5-5是DS18B20_phy模块参考代码，代码的注释对一些处理进行了概括性说明。

代码5-5：DS18B20_phy模块参考代码

```verilog
module DS18B20_phy # (
    parameter US1_SIZE = 7 ,
    parameter US1     = 80
    ) (
    output wire     op_busy    , // operating
    output wire     op_done    , // operation finish
    output wire     bus_drv_en , // enable to drive 0
    output wire     bus_rd_value , // data sample from BUS
    output wire     bus_rd_vld , // data sample valid indicator
    input wire [3:0] bit_type   , // one-hot
    input wire      op_en     , // 1 cycle
    input wire      bus_din   ,
    input wire      clk       ,
    input wire      rstn
    );
// input siganl decode ( rename )
    wire slot_reset  = bit_type[0] ;
    wire slot_write0 = bit_type[1] ;
    wire slot_write1 = bit_type[2] ;
    wire slot_read   = bit_type[3] ;
        // 对一些信号进行重新命名，以方便理解和维护
// clk : default 80M, 12.5ns --- 1us = 1000ns = 80 cycles
// 1us as unit, max. data = 962, 10 bit  // US1CNT_SIZE 值的来历
// localparam
localparam US1CNT_SIZE   = 10 ;
localparam PREAMBLE      = 2 ;
localparam P_RST_POST    = 60 ; // wait time after reset pulse
localparam P_PRESNT_MIN  = 60 ; // min. time of Presence Pulse
localparam P_PRESNT_RD_TLRSE = 60 ; // sample pt. Tolerance
localparam P_RST_WIDTH = PREAMBLE + 480 ;
localparam P_WR0_WIDTH = PREAMBLE + 60 ;
localparam P_PRESNT_RD_TIME = PREAMBLE + P_RST_WIDTH + P_RST_POST
        + P_PRESNT_MIN + P_PRESNT_RD_TLRSE ;
localparam P_PRESNT_FINISH_TIME = PREAMBLE + 960 ;
localparam P_RD_PT       = PREAMBLE + 8 ;
    // 各个时序控制，用参数化方式设计，以方便维护
```

```verilog
// internal signals
reg         busy    ;
reg         bit_op_done ;
reg [US1_SIZE-1:0]   clkcnt    ;
reg [US1CNT_SIZE-1:0] us1_cnt    ;
reg         drive_en  ;
reg bus_nedge_chking ;
reg bus_sample_bit  ;
reg bus_sample_done  ;
reg bit_op_done_dly  ;
reg bit_op_done_pedge ;
// use counter for 1us timing, and gen busy, done
always @ ( posedge clk , negedge rstn )
  if (!rstn)
   begin
    busy <= 0 ;
    clkcnt  <= 0 ;
    us1_cnt <= 0 ;
    bit_op_done <= 0 ;
    bit_op_done_dly  <= 0 ;
    bit_op_done_pedge <= 0 ;
   end
  else
   begin
    if ( bit_op_done ) busy <= 0 ;
    else if ( !busy & op_en ) busy <= 1 ;
    if ( !busy ) clkcnt <= 0 ;
    else if ( clkcnt >= (US1-1) ) clkcnt <= 0 ;
    else clkcnt <= clkcnt + 1 ;
    if ( !busy ) us1_cnt <= 0 ;
    else if ( clkcnt >= (US1-1) ) us1_cnt <= us1_cnt + 1 ;

    if ( !busy ) bit_op_done <= 0 ;
    else if ( slot_write1 | slot_read | slot_write0 )
      bit_op_done <= us1_cnt == P_WR0_WIDTH ;
    else if ( slot_reset )
      bit_op_done <= us1_cnt == P_PRESNT_FINISH_TIME ;
    bit_op_done_dly  <= bit_op_done ;
    bit_op_done_pedge <= {bit_op_done_dly,bit_op_done} == 2'b01 ;
   end
```

```verilog
// when to drive bus low :drive_en
// read bus status
// reset pulse : after drive_en nedge, detecting BUS nedge
reg [1:0] drive_en_dly ;
reg    drive_en_nedge ;
always @ ( posedge clk , negedge rstn )
  if (!rstn)
   begin
    drive_en <= 0 ;
    drive_en_dly  <= 0 ;
    drive_en_nedge <= 0 ;
   end
  else
   begin
    drive_en_dly  <= {drive_en_dly[0],drive_en} ;
    drive_en_nedge <= drive_en_dly[1:0] == 2'b10 ;
    if ( !busy ) drive_en <= 0 ;
    else if ( us1_cnt == 1 | us1_cnt == 2) drive_en <= 1 ;
    else if ( slot_write1 | slot_read ) drive_en <= 0 ;
    else if ( slot_write0 & us1_cnt == P_WR0_WIDTH ) drive_en <= 0 ;
    else if ( slot_reset & us1_cnt == P_RST_WIDTH ) drive_en <= 0 ;
   end

// din syner and stable 1/0 check
reg [ 1:0] din_syner ;
reg [15:0] din_dly  ;
reg    din_nedge ;
always @ ( posedge clk , negedge rstn )
  if (!rstn)
   begin
    din_syner <= 0 ;
    din_dly  <= 0 ;
    din_nedge <= 0 ;
    bus_nedge_chking <= 0 ;
   end
  else
   begin
    din_syner <= {din_syner[0],bus_din}  ;
    din_dly  <= {din_dly[14:0],din_syner[1]} ;
    din_nedge <= din_dly[15:0] == 16'hFF_00 ;
```

```
      if ( bit_op_done ) bus_nedge_chking <= 0 ;
      else if ( slot_reset & drive_en_nedge ) bus_nedge_chking <= 1 ;
    end


// sample bit and gen indicator
reg      sampling    ;
reg [1:0] sampling_dly ;
reg      sampling_nedge ;
always @ ( posedge clk , negedge rstn )
   if (!rstn)
     begin
       sampling    <= 0 ;
       sampling_dly  <= 0 ;
       sampling_nedge <= 0 ;
       bus_sample_bit <= 1 ;
       bus_sample_done <= 0 ;
     end
   else if ( slot_read )
     begin
     if ( us1_cnt == P_RD_PT )
     bus_sample_bit <= din_syner[1] ; //bus_din ;
       sampling    <= us1_cnt == P_RD_PT ;
       sampling_dly  <= {sampling_dly[0],sampling} ;
       sampling_nedge <= sampling_dly[1:0] == 2'b10 ;
       bus_sample_done <= sampling_nedge ;
     end
   else if ( slot_reset )
     begin
       if ( us1_cnt == 1 ) bus_sample_bit <= 1 ; // default
       else if ( bus_nedge_chking & din_nedge ) bus_sample_bit <= 0 ;
       if ( bus_nedge_chking & din_nedge )
         sampling    <= 1 ;
       else if ( clkcnt == 0 ) // keep until next clkcnt = 0
         sampling    <= 0 ;
       sampling_dly  <= {sampling_dly[0],sampling} ;
       sampling_nedge <= sampling_dly[1:0] == 2'b10 ;
       bus_sample_done <= sampling_nedge ;
     end

//// output drivers
```

```
    assign op_busy     = busy ;
    assign op_done     = bit_op_done_pedge ;
    assign bus_drv_en  = drive_en    ;
    assign bus_rd_value = bus_sample_bit ;
    assign bus_rd_vld = bus_sample_done ;
  endmodule
```

上述代码中有对信号下降沿的判断处理，也有对输入信号的去抖处理。这些处理可以直接例化第 1 章介绍的沿检测器模块 pulse_det、去抖处理模块 debounce。上述代码用 Verilog HDL 代码实现是为了增强模块的独立性。

在实际应用中，一些处理需要的时间值是固定的，比如本应用中不同的操作时间间隔都是以 1μs 作为单位的，而模块工作时钟 clk 的频率可能会变化。针对这种情况，可以参考代码 5-5 的方式，设计两个 parameter：US1_SIZE、US1。其中 US1_SIZE 用来表示 US1 的位宽，US1 则表示 1μs 是多少个 clk 时钟周期。

上述模块设计的鲁棒性是否足够？有哪些地方可以优化？

表示单总线位操作类型的输入信号 bit_type 采用了 4 位的独热编码方式，也就是要求在操作请求信号 op_en 有效时，bit_type 应该有且只有一位的值为 1。如果 op_en 有效时 bit_type 值为全 0，或者有两个甚至更多位为高电平，模块会怎么处理？

问题思考

3.5 节描述通用 PWM 产生模块的设计需求时，也有类似的说明。所以，FPGA 设计者的一个重要任务是尽可能多地考虑各种边角场景。bit_type 一共 4 位，编码一共可以表示 16 个状态，但是实际只使用了 4 个状态，所以如果作为一个完整的模块设计，必须考虑对输入的"非法状态"的处理。读者可以根据上述分析对模块进行优化。

三、DS18B20 驱动顶层模块设计

DS18B20 驱动顶层集成 DS18B20_byte_layer、DS18B20_phy 两个模块，如图 5-14 所示。更高层触发服务请求时拉高 app_en，DS18B20 驱动模块把该信号直接驱动 DS18B20_byte_layer 模块的 app_en 端口，相关处理操作完成后，拉高 read_byte_vld 作为对 app_en 请求的应答，并在 read_bytes 信号中传回读到的温度值。

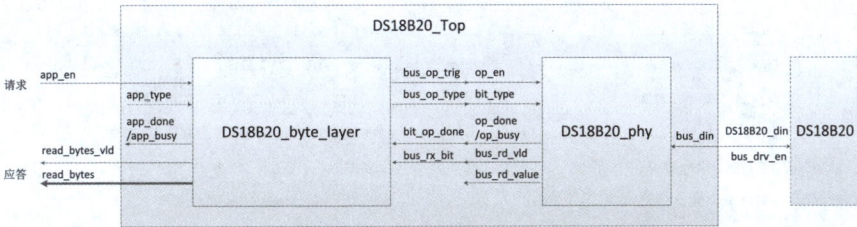

图 5-14

DS18B20_top模块代码设计可参考代码5-6。

代码5-6：DS18B20驱动顶层模块DS18B20_top参考代码

```
module DS18B20_top #(
    parameter US1_SIZE = 7 ,
    parameter US1    = 80 //80M clk
    ) (
    output wire [15:0] temp_value   ,
    output wire    temp_value_vld ,
    output wire    bus_drv_en    ,
    input wire    DS18B20_din   ,
    input wire    app_en      ,
    input wire    clk        ,
    input wire    rstn
    );

    localparam RD_BYTE_NUM = 2 ;// 每次读取两字节
    wire    app_busy    ;
    wire    app_done    ;
    wire    bus_op_trig  ;
    wire [3:0] bus_op_type   ;
    wire    bus_op_busy  ;
    wire    bit_op_done   ;
    wire    bus_rx_bit   ;
    wire    bus_rx_bit_vld ;

  DS18B20_byte_layer #(
  .RD_BYTE_NUM ( RD_BYTE_NUM ) ) DS18B20_byte_layer
  (
  /*output wire       */.app_busy    ( app_busy   ),
  /*output wire       */.app_done    ( app_done   ),
```

```
/*output wire              */.read_bytes_vld ( temp_value_vld ),
/*output wire [8*RD_BYTE_NUM-1:0] */.read_bytes  ( temp_value  ),
/*output wire              */.bus_op_trig  ( bus_op_trig  ),
/*output wire [3:0]        */.bus_op_type  ( bus_op_type  ),
/*input wire               */.bit_op_done  ( bit_op_done  ),
/*input wire               */.bus_rx_bit   ( bus_rx_bit   ),
/*input wire               */.app_en       ( app_en       ),
/*input wire               */.clk          ( clk          ),
/*input wire               */.rstn         ( rstn         )
);


DS18B20_phy #(
.US1_SIZE ( US1_SIZE ),
.US1      ( US1     )
) DS18B20_phy (
/*output wire   */.op_busy    ( bus_op_busy   ),
/*output wire   */.op_done    ( bit_op_done   ),
/*output wire   */.bus_drv_en ( bus_drv_en    ),
/*output wire   */.bus_rd_value ( bus_rx_bit   ),
/*output wire   */.bus_rd_vld ( bus_rx_bit_vld ),
/*input wire [3:0] */.bit_type ( bus_op_type  ),
/*input wire    */.op_en      ( bus_op_trig   ),
/*input wire    */.bus_din    ( DS18B20_din   ),
/*input wire    */.clk        ( clk           ),
/*input wire    */.rstn       ( rstn          )
);

endmodule
```

5.4 数字温度计系统设计

　　基于DS18B20的数字温度计的核心处理部分在于从DS18B20中获取温度值，即前文介绍的DS18B20的驱动模块DS18B20_top的设计。参考图5-3，获得温度值后需将其转换为8421BCD码，并用两个七段数码管显示，其顶层模块代码参考代码5-7。

代码5-7：数字温度计系统顶层模块参考代码

```verilog
module step_lesson
    (
    inout wire [35:0]  GPIO    ,
    output wire [ 8:0]  SEG_DIG1 ,
    output wire [ 8:0]  SEG_DIG2 ,
    input  wire       clkin
    );

////////// Internal Signal

    wire rstn = 1 ;
    wire clk = clkin ;
    // DS18B20 : temperature sensor

    wire [15:0] temp_value  ;
    wire      temp_value_vld ;
    wire      bus_drv_en  ;
    wire      DS18B20_din  ;
    wire      DS18B20_en   = 1'b1 ;
    localparam US1_SIZE = 7 ;
    localparam US1    = 12 ; // 12M clk

    DS18B20_top #(
    .US1_SIZE ( US1_SIZE ) ,
    .US1    ( US1   )
    ) DS18B20_top (
    /*output wire [15:0] */.temp_value   ( temp_value   ) ,
    /*output wire     */.temp_value_vld ( temp_value_vld ) ,
    /*output wire     */.bus_drv_en   ( bus_drv_en   ) ,
    /*input  wire     */.DS18B20_din  ( DS18B20_din  ) ,
    /*input  wire     */.app_en     ( DS18B20_en   ) ,
    /*input  wire     */.clk      ( clk      ) ,
    /*input  wire      */.rstn     ( rstn     )
    );

    wire     seg1_enb ;
    wire [ 7:0] seg1_out ; //MSB~LSB = DP,G,F,E,D,C,B,A
    wire     seg2_enb ;
    wire [ 7:0] seg2_out ; //MSB~LSB = DP,G,F,E,D,C,B,A
```

153

```
seg7_thermometer (
  /*output wire    */.seg1_enb ( seg1_enb ) ,
  /*output wire [ 7:0] */.seg1_out ( seg1_out ) ,
  /*output wire    */.seg2_enb ( seg2_enb ) ,
  /*output wire [ 7:0] */.seg2_out ( seg2_out ) ,
  /*input wire [15:0] */.temp_in ( temp_value ) ,
  /*input wire    */.clk  ( clk   ) ,
  /*input wire    */.rstn ( rstn  )
  ) ;

/// output Drivers
  assign SEG_DIG1[8:0] = {seg1_enb , seg1_out[7:0]} ;
  assign SEG_DIG2[8:0] = {seg2_enb , seg2_out[7:0]} ;
  // GPIO[15] : DS18B20 , 1 wire bus
  assign DS18B20_din = GPIO[15] ;
  assign GPIO[15]   = bus_drv_en ? 1'b0 : 1'bz ;
    // 双向管脚的处理
endmodule
```

其中seg7_thermometer模块是处理温度值并用七段数码管显示的模块，其结构与第4章介绍的seg7_disp_top模块基本相同。

5.4.1 ▶ 双向管脚的建模

DS18B20采用单总线进行数据传输，其同一个管脚有时需要作为输入管脚使用，有时需要作为输出管脚使用。当使用FPGA驱动DS18B20时，在对应的时间内FPGA驱动DS18B20的管脚就应该分别作为输出管脚、输入管脚使用，即同一个管脚需要以时分复用的方式实现输入管脚、输出管脚的功能。

常用的FPGA的很多管脚都可以配置为输入管脚、输出管脚或双向管脚，其GPIO的功能如图5-15所示。在输出控制上，FPGA通常提供三态门的驱动方式，当O_en为高时，FPGA才有信号驱动FPGA管脚；当O_en为低时，FPGA对应管脚表现为高阻态。

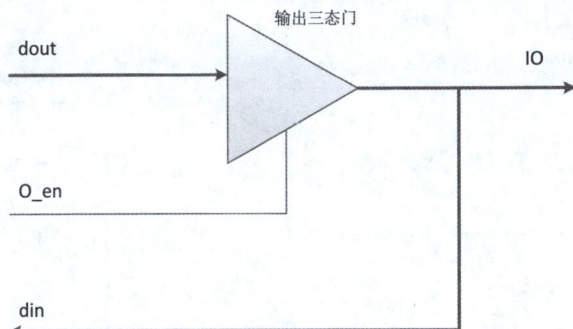

图 5-15

只有在一个管脚为双向管脚时，需要加一个控制信号，以告诉FPGA对应的综合工具该管脚在不输出时要保持高阻态。对于图5-15所示的双向管脚，使用Verilog HDL建模时可采用如下的代码形式：

assign din = IO ; // 输入方向：信号采样

assign IO = O_en ? dout : 1'bz ; // 输出控制

实际的例子可以参考代码5-6中的最后几行代码。

如果FPGA的一个管脚只当作输出管脚使用，Verilog HDL代码中不需要使用控制端O_en，FPGA对应的集成开发平台自动识别编码方式完成信号输出驱动。而在输入控制上，很多FPGA没有相应的控制处理，所以即使在管脚为双向管脚时，输入信号也不需要使用O_en进行控制。

> **问题思考**
>
> 如图5-15所示，当FPGA一个管脚为双向管脚时，输入信号并没有受O_en控制。所以当O_en为高时，FPGA内的信号dout驱动FPGA管脚，这时din上是不是也相当于有相应信号输入FPGA？这会不会对内部逻辑处理有影响？
>
> 答案是肯定的。尤其是如果恰巧内部模块处理dout的序列产生了特定的操作，该操作也会执行！所以当一个管脚用作双向管脚时，需要考虑这种情况，不然会造成系统故障。
>
> 为避免出现这种情况，可以在O_en为高时，禁止内部逻辑处理din。
>
> 既然会出现这种情况，为什么不在FPGA的管脚中把双向管脚设计为如下的结构呢？

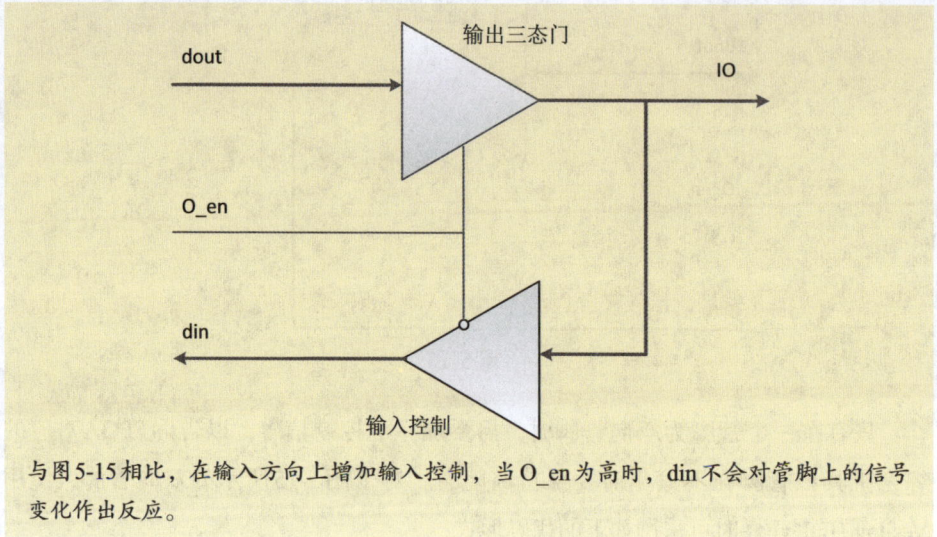

输出三态门

dout

IO

O_en

din

输入控制

与图5-15相比，在输入方向上增加输入控制，当O_en为高时，din不会对管脚上的信号变化作出反应。

5.4.2 温度计的七段数码管驱动建模

DS18B20_top模块从DS18B20读到的温度值temp_value为两字节（16位），其表示的温度值格式如图5-16所示，即最高5位为符号位，最低4位为小数位，中间7位为整数位。

	BIT 7	BIT 6	BIT 5	BIT 4	BIT 3	BIT 2	BIT 1	BIT 0
LS BYTE	2^3	2^2	2^1	2^0	2^{-1}	2^{-2}	2^{-3}	2^{-4}
	BIT 15	BIT 14	BIT 13	BIT 12	BIT 11	BIT 10	BIT 9	BIT 8
MS BYTE	S	S	S	S	S	2^6	2^5	2^4

S = SIGN

图 5-16

可以把该温度值的temp_value [11:0]处理为用二进制补码表示的数据，因为有4位小数位，所以数据权重为0.0625；整数部分为7位，可以表示的最高温度为127℃。用2位数码管显示温度值，因此只显示温度的整数部分；如果温度值为负数，则显示的是温度值的绝对值。所以先丢弃小数部分，把temp_value[11:4]当作二进制补码处理，其值权重为1。

七段数码管的驱动模块设计参考代码5-8。

代码5-8：数字温度计的七段数码管驱动模块参考代码

```verilog
module seg7_thermometer (
    output wire     seg1_enb ,
    output wire [ 7:0] seg1_out , //MSB~LSB = DP,G,F,E,D,C,B,A
    output wire     seg2_enb ,
    output wire [ 7:0] seg2_out , //MSB~LSB = DP,G,F,E,D,C,B,A
    input wire [15:0] temp_in ,
    input wire     clk   ,
    input wire     rstn
    ) ;

// temperature format :
// temp_in[15:0] : sign-extended two's complement number
//          [3:0] indicate fraction part
//          [10:4] integer part
//          [15:11] sign bits

localparam BIN_SIZE = 7 ;
localparam BCD_SIZE = 12 ;

reg [15:0] temp_ABS ;
wire [6:0] temp_ABS_int = temp_ABS[10:4] ;

wire [BCD_SIZE-1:0] bcd_code  ;

always @ ( posedge clk , negedge rstn )
  if (!rstn)
    temp_ABS <= 0 ;
  else if ( temp_in[15:11] == 5'b1_1111 )
    temp_ABS <= 0 - temp_in ;
  else
    temp_ABS <= temp_in ;
    // 二进制补码处理，获取数据的绝对值
bin2bcd # (
  .BIN_SIZE ( BIN_SIZE ) ,
  .BCD_SIZE ( BCD_SIZE )
  ) bin2bcd (
  ///*output wire       */.op_done () , // finish
  ///*output wire       */.op_busy () , // operating
```

```
/*output wire [BCD_SIZE-1:0] */.bcd_code ( bcd_code   ) ,
/*input wire [BIN_SIZE-1:0] */.bin_code ( temp_ABS_int   ) ,
/*input wire         */.enable ( 1'b1     ) , // 1 cycle
/*input wire         */.clk    ( clk ) ,
/*input wire         */.rstn   ( rstn   )
);

wire [15:0] seg_out ;
wire seg1_dot_en = 0 ;
wire seg2_dot_en = 0 ;
wire [1:0] seg_dot = {seg2_dot_en,seg1_dot_en} ;
SEG7_symb_decoder SEG7_symb_decoder[1:0] (
/*output  [7:0] */.seg_out ( seg_out     ) ,
/*input   [3:0] */.seg_data ( bcd_code[7:0] ) , //seg_data input
/*input      */.seg_dot ( seg_dot    ) , //segment dot control
/*input      */.clk    ( {clk,clk}  ) ,
/*input      */.rstn   ( {rstn,rstn}  )
);

//// Output Drivers
assign seg1_enb = 1'b0 ; // can use PWM
assign seg1_out = seg_out[15:8] ;
assign seg2_enb = 1'b0 ; // can use PWM
assign seg2_out = seg_out[7:0] ;

endmodule
```

第 4 章介绍的 seg7_disp_top 模块中，对按键输入 KEY_IN、拨码开关状态输入
SWIN 用七段数码管显示，所以例化了两个 bin2bcd，分别将 KEY_IN、SWIN 转换
为 8421BCD 码。此处的七段数码管驱动显示的是从 DS18B20 中读到的温度值，因
此只需要一个 bin2bcd 模块即可，但是其输入的二进制信号位宽是 7。

二进制数占用的位宽是十进制数的 3 倍，所以该二进制数最多可表示 3 位的十
进制数（转换为 8421BCD 码后，数据总位宽为 12），即有百位、十位、个位。但
是只有两个七段数码管，所以截取 8421BCD 码的十位（bcd_code[7:4]）和个位
（bcd_code[3:0]）驱动数码管。

5.4.3 数字温度计的系统验证

为在小脚丫MAX10核心板上验证该数字温度计的设计，需要完成对代码5-6顶层模块中各个管脚的分配。将本章介绍的各个模块加入FPGA工程中，并在step_lesson.qsf文件中添加如下的管脚位置约束：

set_location_assignment PIN_P12 -to GPIO[15]

在编译工程后把烧录文件加载到MAX10核心板上。

通过一些人为操作，比如覆盖冰块，或者用电热枪向开发板DS18B20芯片位置吹高温的风，可以看到随着温度的改变，七段数码管显示的温度值不断更新。

5.5 高手进阶

5.5.1 设计优化

设计优化是永无止境的。在本章介绍的数字温度计的各个模块，有很多地方可以优化，示例如下。

• BUS_OP_CHK_BUSY(st_chk_busy)状态下没有做超时处理：如果向从设备发出温度转换命令后，器件一直反馈busy状态，是一直等待下去，还是设定一个最大的等待时间，超过该时间后退出检查状态？

• 如果输入的bit_type不是指定的几个值，物理层该如何处理？是否需要做非法编码处理？

• 读取温度值时，只从DS18B20读取了两字节，如何保证这两字节内容的正确性？ DS18B20手册介绍了器件内寄存器的结构一共为9字节，最后一字节为CRC（Cyclic Redundancy Check，循环冗余校验）字节。因此稳妥的做法是将寄存器的全部9字节内容读出，然后计算其CRC值，该值与寄存器第9字节的内容相同才表明读取的温度值是正确的。

• 前述各个模块的设计，是否存在功能故障？是否需要构建特定的测试平台对全部代码进行仿真？

上述的优化点，交给感兴趣的读者自行去完成。

关于模块仿真的重要性，这里再用一个例子来说明。代码5-1是存在bug的。在BUS_OP_INIT的状态信号处理中，用了如下代码：

bus_op_en <= has_prest_pulse ;// 有在线脉冲时，才触发后续处理

if (has_prest_pulse) tx_byte <= CODE_SKIP_ROM ;

这里应该修改为：

BUS_OP_INIT :

    begin

      bus_op_en <= byte_op_done & has_prest_pulse ;

      if (byte_op_done & has_prest_pulse) tx_byte <= CODE_SKIP_ROM ;

    end

触发bus_op_en一定要等到状态结束，即要等到byte_op_done的值为1时才判断是否有在线脉冲（has_prest_pulse）；tx_byte也要等到这时再更新。

即使使用代码5-1，在MAX10核心板上系统验证时也发现不了该功能故障。所以，这个案例再次说明了两个事实：一是仿真还是很有必要的；二是系统验证没有问题，不代表设计没有缺陷。

5.5.2 用状态机实现物理层处理

代码5-5所实现的DS18B20驱动器物理层模块DS18B20_phy是基于图5-17所示的各种操作时序而设计的。

对DS18B20的各种操作时序进行分析可以发现：写1时隙虽然是一开始主设备驱动总线到低电平，然后释放对总线的驱动，但是也必须等至少60μs才能结束；读时隙也是一开始由主设备驱动总线，然后主设备释放总线，并要在15μs以内读取总线状态，整个读时隙也要等至少60μs才能结束。

所以，图5-17所示的各种操作时序也可以用状态机来实现。图5-18所示为一种状态机的设计结果。

在复位后进入空闲IDLE状态，复位释放后，必须等外部的触发信号enable有效才能开始进行操作。执行任何操作前都是主设备先拉低总线，所以设计状态TX2US，让主设备拉低总线并保持低电平2μs。在TX2US之前增加一个状态REC_TIME，这是为了满足器件两次操作中间必须有不小于1μs的恢复时间（Recovery Time）的要求。

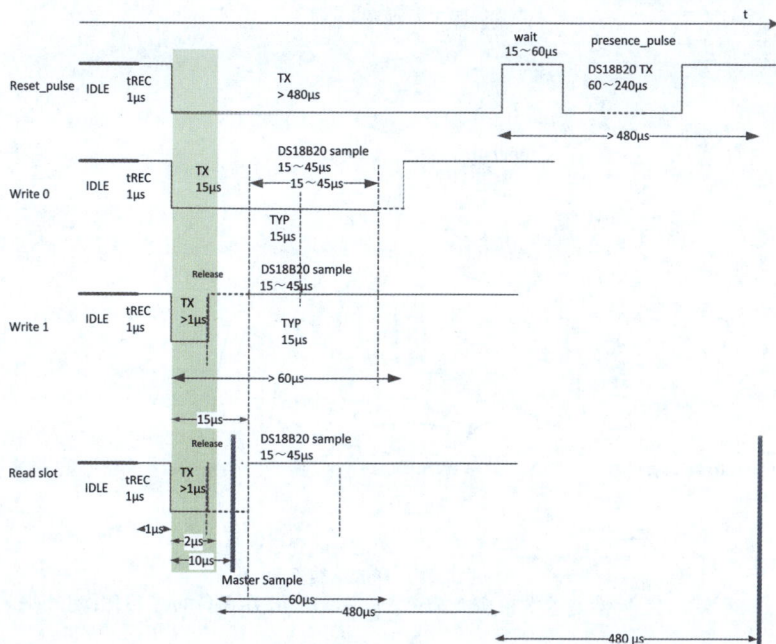

图 5-17

主设备在 TX2US 驱动总线 2μs 后，只要不是初始化过程，那么就都是进入
WAIT60US 状态，即等待 60μs 后结束处理过程，回到空闲状态。但是不同的总线
操作在 WAIT60US 状态下主设备要进行不同的处理。

- 对于写 0 时隙：要一直驱动总线（到低电平）。
- 对于写 1 时隙：进入 WAIT60US 状态后立即释放对总线的驱动。
- 对于读时隙：立即释放对总线的驱动，然后需要在一定时间点（比如可以设
置在 8μs 后）采样总线状态，并锁存其值直到高层读取该数据。

主设备在 TX2US 驱动总线 2μs 后，如果是初始化过程，则进入 TX480US 状态。
这个状态下主设备继续驱动总线，总时长为 480μs。之后释放对总线的驱动，再等
待 480μs 进入 WAIT480US 状态，等待 480μs 回到空闲状态，结束初始化过程。处于
WAIT480US 状态时，可以通过检测总线是否存在下降沿的方式来确认是否有从设
备反馈在线脉冲。

读者可以先尝试编写图 5-18 所示的状态机的代码，或者参考代码 5-9（为了和
代码 5-5 区分，将模块命名为 DS18B20_phy_FSM）。

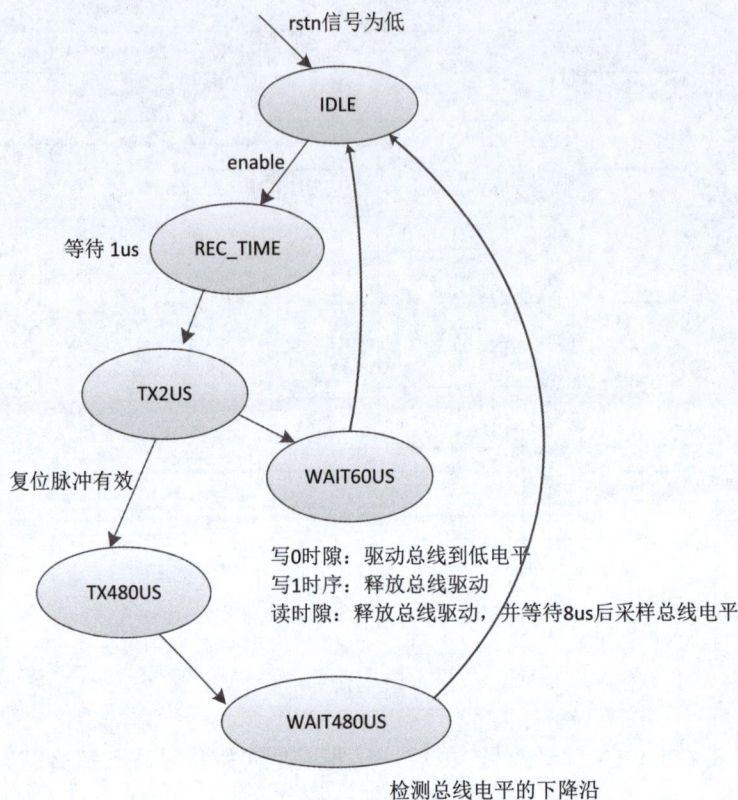

rstn信号为低

IDLE

enable

等待 1us   REC_TIME

TX2US

WAIT60US

复位脉冲有效

写0时隙：驱动总线到低电平
写1时序：释放总线驱动
读时隙：释放总线驱动，并等待8us后采样总线电平

TX480US

WAIT480US

检测总线电平的下降沿

图 5-18

代码5-9：DS18B20物理层状态机实现方式参考代码

```
module DS18B20_phy_FSM # (
    parameter US1_SIZE = 7 ,
    parameter US1     = 12
    ) (
    output wire    op_busy    , // operating
    output wire    op_done    , // operation finish
    output wire    bus_drv_en , // enable to drive 0
    output wire    bus_rd_value , // data sample from BUS
    output wire    bus_rd_vld , // data sample valid indicator
    input wire [3:0] bit_type  , // one-hot
    input wire    op_en    , // 1 cycle
    input wire    bus_din  ,
    input wire    clk      ,
```

162

```
  input wire   rstn
  ) ;

// input siganl decode ( rename )
  wire slot_reset = bit_type[0] ;
  wire slot_write0 = bit_type[1] ;
  wire slot_write1 = bit_type[2] ;
  wire slot_read  = bit_type[3] ;

// localparam
localparam US1CNT_SIZE = 10 ;
localparam PREAMBLE = 2 ;
localparam P_RST_POST   = 60 ; // wait time after reset pulse
localparam P_PRESNT_MIN  = 60 ; // min. time of Presence Pulse
localparam P_PRESNT_RD_TLRSE = 60 ; // sample pt. Tolerance
localparam P_RST_WIDTH = PREAMBLE + 480 ;
localparam P_WR0_WIDTH = PREAMBLE + 60 ;
localparam P_PRESNT_RD_TIME = PREAMBLE + P_RST_WIDTH +
            P_RST_POST + P_PRESNT_MIN + P_PRESNT_RD_TLRSE ;
localparam P_PRESNT_FINISH_TIME = PREAMBLE + 960 ;
localparam P_RD_PT    = PREAMBLE + 8 ;
// internal signals
reg        busy  ;
reg [US1_SIZE-1:0]  clkcnt ;
reg [US1CNT_SIZE-1:0] us1_cnt ;
reg        drive_en ;
reg [3:0]  bus_din_sync ;
reg    bus_din_nedge ;

/// define FSM states : 5 state , except IDLE
localparam SLOT_ST_NUM = 5 ;
reg [SLOT_ST_NUM-1:0] slot_deal_nxt ;
wire [SLOT_ST_NUM-1:0] slot_deal_cur = slot_deal_nxt ;
  localparam SLOT_IDLE   = 'h0 ;
  localparam SLOT_REC_TIME = 'h1 ;
  localparam SLOT_TX2US  = 'h2 ;
  localparam SLOT_TX480US = 'h4 ;
  localparam SLOT_WAIT60US = 'h8 ;
  localparam SLOT_WAIT480US = 'h10 ;
```

```
    reg st_done ;
    reg init_process ;
    reg write0_process ;
    reg read_process  ;
    reg bus_sample_bit ;
    reg bus_sample_done ;
    reg all_op_done ;
// state trans
always @ ( posedge clk , negedge rstn )
  if (!rstn)
    slot_deal_nxt <= SLOT_IDLE ;
  else
    case ( slot_deal_cur )
      SLOT_IDLE    : if ( op_en ) slot_deal_nxt <= SLOT_REC_TIME ;
      SLOT_REC_TIME : if ( st_done ) slot_deal_nxt <= SLOT_TX2US ;
      SLOT_TX2US   :
        if ( st_done ) slot_deal_nxt <=
          init_process ? SLOT_TX480US : SLOT_WAIT60US ;
      SLOT_TX480US  : if ( st_done ) slot_deal_nxt <= SLOT_WAIT480US ;
      SLOT_WAIT60US ,
      SLOT_WAIT480US : if ( st_done ) slot_deal_nxt <= SLOT_IDLE ;
      default : slot_deal_nxt <= SLOT_IDLE ;
    endcase

// state process
always @ ( posedge clk , negedge rstn )
  if (!rstn)
   begin
    st_done <= 0 ;
    busy   <= 0 ;
    drive_en <= 0 ;
    bus_sample_bit <= 1 ;
    bus_sample_done <= 0 ;
    all_op_done <= 0 ;
   end
  else
    case ( slot_deal_cur )
      SLOT_IDLE   :
       begin
        st_done <= 0 ;
```

```
  busy   <= 0 ;
  drive_en <= 0 ;
  bus_sample_done <= 0 ;
  all_op_done <= 0 ;
 end


SLOT_REC_TIME : // 1us
 begin
  st_done <= clkcnt >= (US1-1) ;
  busy   <= 1 ;
  drive_en <= 0 ;
  bus_sample_bit <= 1 ; // init value
 end


SLOT_TX2US   : // 2 us
 begin
  st_done <= clkcnt >= (US1-1) & us1_cnt == 2 ;
  drive_en <= 1 ;
 end


SLOT_TX480US : // generate reset pulse
 begin
  st_done <= clkcnt >= (US1-1) & us1_cnt > P_RST_WIDTH ;
  drive_en <= 1 ;
  bus_sample_done <= 0 ;
 end


SLOT_WAIT60US : // for Write0/1, read time slot
 begin
  st_done <= clkcnt >= (US1-1) & us1_cnt > ( PREAMBLE + 60 ) ;
  if (!init_process) all_op_done <=
  clkcnt >= (US1-1) & us1_cnt > ( PREAMBLE + 60 ) ;
  drive_en <= write0_process ;
  if ( read_process & us1_cnt == P_RD_PT )
    bus_sample_bit <= bus_din ;
  bus_sample_done <= read_process & us1_cnt == ( P_RD_PT + 1 ) ;
 end


SLOT_WAIT480US : // only for reset_pulse -- presence pulse deal
```

```
            begin
              st_done    <= clkcnt >= (US1-1)
               & us1_cnt > P_PRESNT_FINISH_TIME ;
              all_op_done <= clkcnt >= (US1-1)
               & us1_cnt > P_PRESNT_FINISH_TIME ;
              drive_en <= 0 ;
              if ( bus_din_nedge ) bus_sample_bit <= 0 ;
              bus_sample_done <= bus_din_nedge ;
            end

        default :
          begin
            st_done <= 0 ;
            busy   <= 0 ;
            drive_en <= 0 ;
            bus_sample_bit <= 1 ;
            bus_sample_done <= 0 ;
            all_op_done <= 0 ;
          end

    endcase

  always @ ( posedge clk , negedge rstn )
    if (!rstn)
     begin
      clkcnt  <= 0 ;
      us1_cnt <= 0 ;
      init_process  <= 0 ;
      write0_process <= 0 ;
      read_process  <= 0 ;
      bus_din_sync <= 0;
      bus_din_nedge <= 0;
     end
    else
     begin
      if ( !busy ) clkcnt <= 0 ;
      else if ( clkcnt >= (US1-1) ) clkcnt <= 0 ;
      else clkcnt <= clkcnt + 1 ;
      if ( !busy ) us1_cnt <= 0 ;
      else if ( clkcnt >= (US1-1) ) us1_cnt <= us1_cnt + 1 ;
```

```
      if ( (!busy) & op_en ) // exit IDLE
       begin
        init_process  <= slot_reset ; // lock ID for later use
        write0_process <= slot_write0 ; // lock ID for later use
        read_process  <= slot_read ; // lock ID for later use
       end

      bus_din_sync <= {bus_din_sync[2:0],bus_din} ;
      bus_din_nedge <= bus_din_sync[3:2] == 2'b10 ; // 0 comes
    end
//// Output Drivers
  assign op_busy    = busy ;
  assign op_done    = all_op_done  ; // operation finish
  assign bus_drv_en = drive_en    ; // enable to drive 0
  assign bus_rd_value = bus_sample_bit ; // data sample from BUS
  assign bus_rd_vld = bus_sample_done ;

endmodule
```

由于采用了与DS18B20_phy完全相同的端口信号列表和parameter列表，所以在小脚丫MAX10核心板上验证DS18B20_phy_FSM时，只需要在之前的工程中把例化DS18B20_phy模块的地方修改为例化DS18B20_phy_FSM即可。

有意思的是，这样直接替换DS18B20_phy模块后，七段数码管显示的数据并不是正确的温度值！5.5.1小节中提到的BUS_OP_INIT状态下的处理bug，在物理层处理修改为代码5-9所示的状态机实现方式后被触发了！

5.5.3 FPGA管脚结构分析

第2章提到希望通过调节FPGA输出管脚的驱动电流大小来改变LED的显示亮度。在5.4.1小节中也提到希望FPGA的双向管脚增加输入控制，在管脚作为双向管脚时，不让管脚输出的信号反馈到FPGA内部。

FPGA的管脚其实也是一种相当复杂的功能模块，它可以实现多种电气标准、支持单端端口以及差分端口、支持开漏输出方式、支持驱动电流强度以及电压转换速率等多种属性的调节。图5-19所示为MAX10器件手册中提供的管脚结构，可以看到，该功能模块包含了很多子功能模块，其中有两个输出寄存器、一个输入寄存器，OE信号可以控制两个寄存器的输入端，也作为输出缓冲器的控制端，没有控制管脚到内部逻辑的处理通路。

所以，当FPGA管脚为双向管脚时，在输出信号期间，该信号也会沿着FPGA管脚到内部的逻辑通路进入FPGA内部。如果FPGA内部逻辑处理该信号后会对系统功能有影响，则应该在FPGA内部设计中进行处理：在双向管脚输出信号期间，禁止对双向管脚输入的信号进行处理。

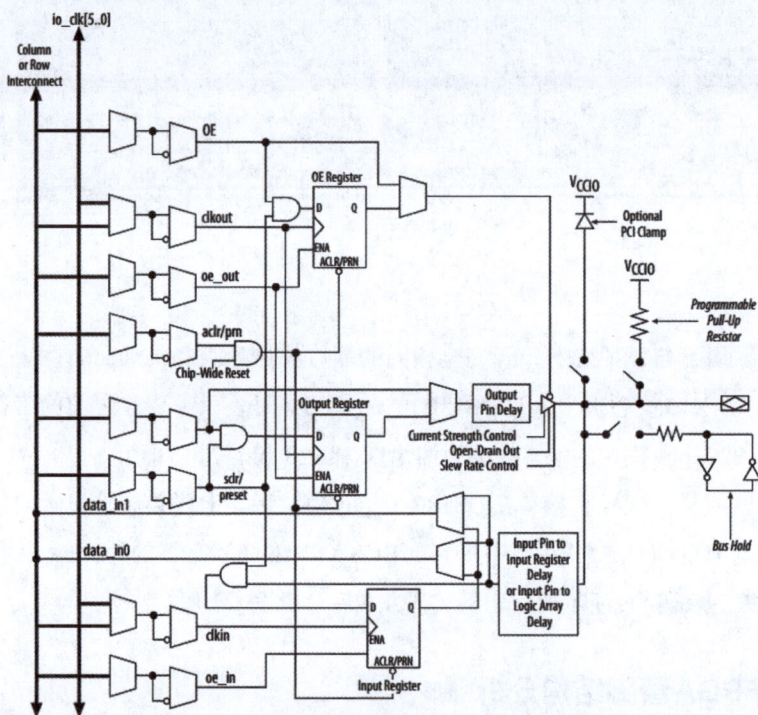

图 5-19

5.6 小结

本章通过对DS18B20的操作进行分析，设计了一个两位七段数码管显示的数字温度计，以此说明了单总线的一些基本概念。通过实际方案设计和编写代码，进一步说明了状态机设计、层次化设计的一些问题。

第6章

UART串口

6.1 串口简介

第5章介绍总线时提到，USB是一种总线。USB的全称为Universal Serial Bus，Serial反映出它也是一种串行接口。串口是串行接口的简称，是和并口相对应的概念，只要是逐位传输数据的接口都可以称为串口。早期计算机上必备的COM1、COM2等接口都是串口。随着计算机技术的发展，还出现了RS-232、RS-422、RS-485、UART（Universal Asynchronous Receiver/Transmitter，通用异步接收发送设备）、USB等多种串口形式。随着USB的普及，现在的计算机早已没有COM接口之类的传统意义上的串口，以至于一提到串口，很多人就将它和UART画上等号。后文会提到，串口和UART其实是存在很大差异的两个概念。

串口有同步串口和异步串口之分，同步和异步可以粗略地用是否需要时钟来区分。下面以几种常见的通信接口来说明同步串口和异步串口的差别。

SPI（Serial Peripheral Interface，串行外设接口）是同步串口，除了片选和时钟外，两根数据线MOSI、MISO（分别是主设备输出数据线、主设备输入数据线）都是串口。随着技术发展，逐步出现了可以用两根数据线甚至4根数据线进行数据传输的SPI。4根数据线的SPI又有Quad SPI与QPI（Quad Peripheral Interface）两种，两者在命令格式上存在差异。

I²C也是同步串口，它用SCL（Serial Clock Line，串行时钟线）充当主从设备间同步的时钟线，用一根SDA（Serial Data Line，串行数据线）完成主设备和从设备之间的数据通信。

第5章介绍的单总线不需要时钟信号，是一种异步串口。

UART在主设备和从设备之间进行数据通信时，只有一根数据线，且没有时钟线，因此它也是异步串口。虽然现在很多人把串口等同于UART，但是UART只是串口的一种。

与串口概念相比，串口本身强调数据是串行传输的，因此一切逐位传输的接口都可以称为串口。而UART更侧重于数据通信协议，原则上是可以在任何串口上使用的。从另一个角度来看串口这个概念，它更强调接口的物理特性，比如接口使用的电压标准。串口有RS-232、RS-485等接口形式，它们规定了通信链路使用的电气规则（比如RS-485的逻辑1电平是−6~−1.5V），而并没有指定以什么方式组织数据。UART则重在说明数据组织方式，而没有指定用什么接口，所以既可以是TTL UART，也可以是RS-232 UART。

在电子系统的应用中，RS-232、RS-485这些标准是基于计算机技术发展起来的，而串口应用在MCU、FPGA等控制器场景时，这些控制器多数使用TTL电平，所以更多的是TTL UART。因此通常的MCU、FPGA的UART接口要与计算机的USB接口进行连接时，都需要一个电平转换系统。

图6-1所示为小脚丫MAX10核心板的UART解决方案，这也是绝大多数MCU、FPGA使用的方案。MAX10核心板采用的方式是在底板上用CH340C（U3）这个芯片实现PC端电平到TTL电平的转换，然后通过核心板扩展GPIO连接到FPGA。在PC端只需要用适当的串口工具就能实现与FPGA的通信。

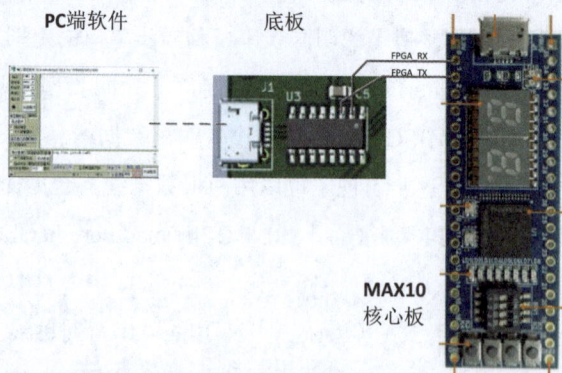

图 6-1

6.2 串口调试系统设计

因为串口的接口形式简单，并且在计算机系统中的应用已经非常成熟，所以串口在各种电子系统中得到了非常广泛的使用。很多系统都使用串口作为系统调试接口，通过串口获取系统工作过程中的一些状态、错误信息报告等。

本章基于小脚丫的MAX10核心板，设计图6-2所示的简单的串口调试系统，其功能是，在PC端的UART调试软件界面中输入字母Q或者q时，复位系统；输入字母T或者t时，读取DS18B20的温度值；输入字母P或者p时，读取4个按键状态；输入字母S或者s时，读取拨码开关状态。因此，可以认为该调试系统支持以下4种命令。

- Q/q：复位系统。
- T/t：读取温度值。
- P/p：读取4个按键状态。
- S/s：读取拨码开关状态。

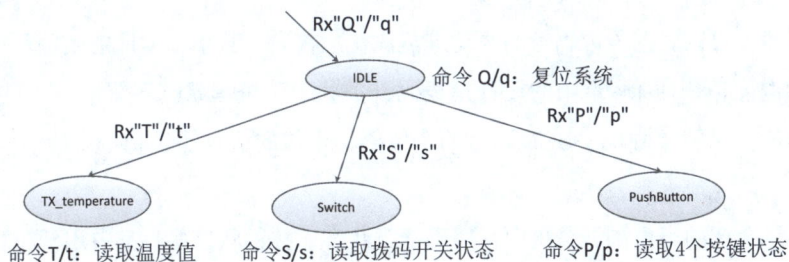

图 6-2

为了反映FPGA的处理情况，把上述几种处理结果也用t段数码管显示，即数码管相应地显示温度值、按键状态、拨码开关状态。

6.2.1 系统设计

用七段数码管显示拨码开关状态、按键状态的设计在第4章中已经进行了说明，七段数码管显示DS18B20的温度值的设计在第5章也进行了说明。在七段数码管的显示方面，只需要在前面几章的基础上完成显示内容的选择。所以本节的主要内容在于串口的处理，图6-3所示为系统设计框图。

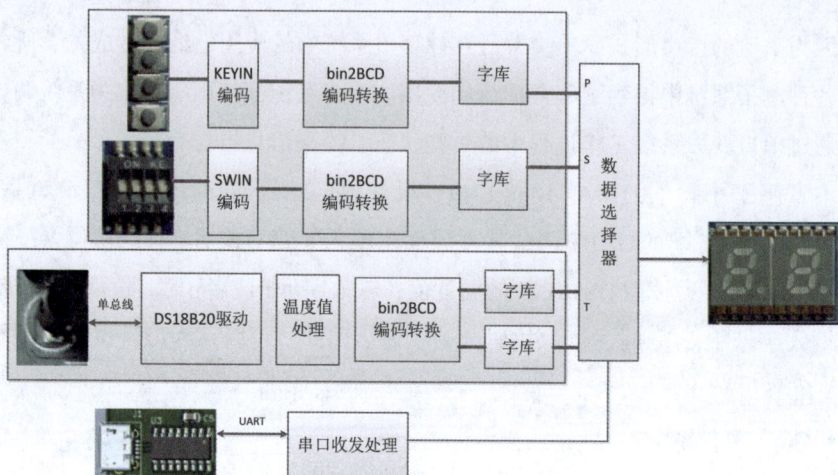

图 6-3

6.2.2 系统设计优化

当然，可以对七段数码管的驱动进行优化。首先，数字温度计中使用两位数码管显示温度值，而第4章中的设计是拨码开关状态、按键状态各驱动一个数码管，其显示的只是转换为8421BCD码后的个位值，十位的值只能是1或0，是用数码管小数点位的亮或灭来表示的。

本章介绍的串口调试系统中，拨码开关状态、按键状态各自都占用两位数码管显示，所以十位值也用数码管的七段来显示。

其次，图6-3所示的系统设计可以优化。前面两章介绍的内容中使用各自的七段数码管驱动模块，所以图6-3中用了两组"bin2BCD编码转换""字库"模块，即拨码开关状态、按键输入状态与DS18B20的温度值都用了各自的驱动模块，最后在驱动七段数码管前完成显示内容的数据选择。可以按如下方式优化：根据"串口收发处理"模块检测到的值，先完成温度值、拨码开关状态、按键状态的选择，再将数据转换为8421BCD码，根据编码查表字库输出驱动数码管。这样优化后，相当于是几个处理模块共用"bin2BCD编码转换""字库"模块，如图6-4所示。

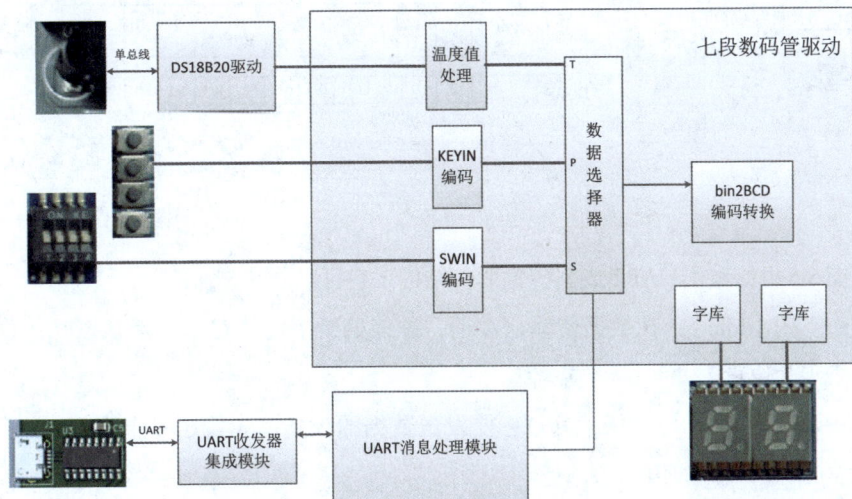

图 6-4

因为从DS18B20读到的温度值的后续处理非常简单,而处理结果需要与按键、拨码开关的输入状态进行多路数据的选择处理,所以把温度值处理也放到了七段数码管的驱动模块中。

本串口调试系统的设计也采用层次化设计方式:UART物理层处理单字节的收发,因为UART是全双工工作模式,所以可分为UART发送模块、UART接收模块,合称为UATR收发器集成模块。应用层(图6-4中的"UART消息处理模块")将系统消息拆分为有序的字节流。UART收发器集成模块、UART消息处理模块合在一起构成串口调试系统的串口驱动子系统。

6.2.3 串口驱动子系统设计

一、UART协议概述

如果UART只使用一根数据线,收(RX)、发(TX)共用该数据线,这时只能实现半双工的通信方式。UART的收(RX)、发(TX)使用两根独立的数据线,才能实现全双工通信,图6-5所示为两台设备间全双工的UART线缆连接方式。

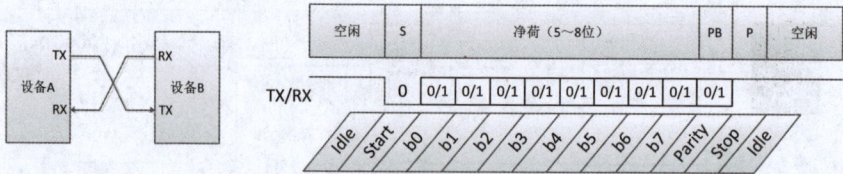

图 6-5

图 6-5 也给出了 UART 数据传输的包结构，它可以分为 5 个部分。

• 空闲（Idle）：在数据传输启动前，总线处于空闲状态。空闲状态时，数据线上表现为逻辑 1。

• 开始位（Start，用 S 表示）：要发送数据的设备，先发送一个逻辑 0，表示将要发起一次数据通信。

• 数据位：这是 UART 传输的净荷（Payload）。UART 可以支持数据位宽为 5、6、7、8 位这 4 种模式。

• 校验位（Parity，用 PB 表示）：这是数据位的奇偶校验位。UART 支持 5 种校验模式，包括奇校验、偶校验、高校验、低校验、不用校验位。

• 停止位（Stop，用 P 表示）：结束数据通信，发送数据的设备发出逻辑 1。UART 支持 3 种停止位宽，包括 1 位停止位、1.5 位停止位、2 位停止位。

为什么会有半位的情况？

在通常的电子系统中，常常用频率和比特率两个指标来描述一个接口的传输速率。频率用来描述通信过程中可能出现的信号的最小脉冲宽度，通常反映系统所使用的工作时钟的频率。比特率通常以 bit/s 为单位，表示一秒时间内传输的位数。而在 UART 中，是用波特率（Baud Rate）来衡量数据传输速率的。波特率是从通信领域发展而来的概念，它表述的是符号传输速率。在通信领域，一个信元被调制后再在信道上传输，根据调制方式的不同，一个符号内包含的位数有所不同。比如四相移相键控就可以简单理解为一个符号包含 4 个状态，为两位，所以波特率为比特率的一半。FPGA、MCU 等控制系统采用的是二进制码，一个符号就是一位，所以波特率与比特率相等。

FPGA、MCU 等控制系统中的 UART 常用的有 1200Baud/s、2400Baud/s、4800Baud/s、9600Baud/s、115200Baud/s 等波特率。波特率不同，UART 每个位持续的时间长度也

不一样。UART支持1.5位停止位，表明停止位持续的时间可以是1位时间的1.5倍。

UART协议是比较简单的协议，每次通信它只传输5～8位的信息。由于常见电子系统都是用字节作为数据处理的最小单元，所以通常UART是8位。此外，与其他协议相比，如果把图6-5当作它的帧结构，这显然是一个非常简单的帧结构。UART逻辑0、逻辑1的编码简单，直接用高低电平表示（不一定是高电平表示逻辑1，比如RS-232就是负逻辑系统，即用负电压表示逻辑1）。第5章介绍的单总线用相同时间内高低电平的比例来编码逻辑0、逻辑1，所以UART的编码方式比单总线更简单。

由于UART数据传输过程中没有任何同步信息，所以使用UART的双方必须"事先"约定好波特率，以及图6-5中描述的净荷（数据位宽）、校验模式、停止位宽等信息，否则会造成通信失败。

本节以波特率为115200Baud/s、数据位宽为8位、不用校验位、1位停止位等参数来说明UART收发模块的设计思路，系统时钟依然采用小脚丫MAX10核心板上的12MHz晶振。

二、串口物理层（UART收发器）设计

UART收发器集成模块只处理单次数据通信（一字节）的每个位的发送、接收。

UART接收模块对总线状态进行持续检测，仅在检测到总线出现开始位（S）之后，才会接收后续的信息位。待全部位接收完成后，上报所接收到的数据。这种上报机制，也被称作中断机制。UART发送模块依然采用第5章介绍的请求-应答模式，即上层需要进行一次数据传输时，发起传输请求（tx_data_en）并提供需要传输的数据（tx_data）；模块处理结束后，反馈完成标志（uart_tx_done）作为应答。

UART的波特率为115200Baud/s，比特率是115200bit/s，UART每个位占用的时间约为8.68μs（1/115200s），使用12MHz晶振作为工作时钟时，每个位占用104个时钟周期。

（1）UART发送模块的设计

8位UART的发送模块见图6-5，它本质上是一个并/串转换器。前文提到，该模块可以基于计数器的数据选择器或移位寄存器实现，代码6-1用的是移位寄存器结构。由于开始位、停止位各占一位，把它们也当作特定的数据位处理，如

图6-6所示，UART发送模块设计的移位寄存器一共11位。

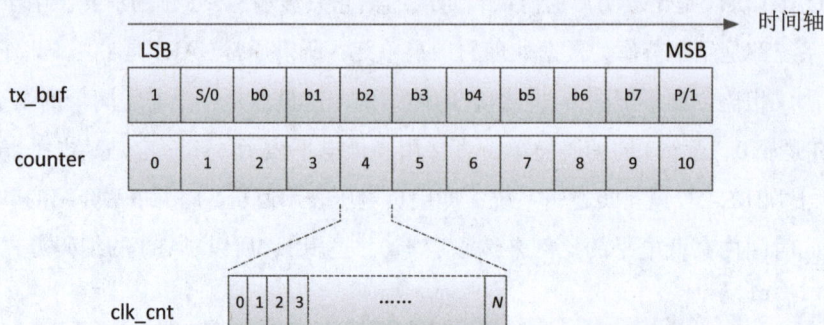

图 6-6

最先发送的一位是1，这是一个额外的位，对应UART总线的空闲状态，这样做是为了保证任意两次发送之间至少有一位的空闲时间。

代码6-1把波特率设计成一个BAUD_PARA参数。当需要UART发送模块处理其他波特率，例化该模块时使用不同的参数值即可。

代码6-1：UART发送模块uart_simple_tx参考代码

```
module uart_simple_tx # ( parameter BAUD_PARA = 104 ) (
   output reg     uart_tx     , // UART输出线
   output reg     uart_tx_done , // 输出完成标志信号
   input          tx_data_en  , // 处理触发信号
   input [7:0]    tx_data     , // 发送数据
   input          clk         ,
   input          rstn
   ) ;
// -IDLE S D0 ~ D7 P- --> (BAUD_PARA cyc)*11
reg [15:0] cyc_cnt ; // 当前位的时间计数
reg [ 3:0] bit_num ; // 位计数，值从0到10
reg     txing_en ;
reg [10:0] bit_tx_buf ;
   wire bit_end  = cyc_cnt == ( BAUD_PARA-1 ) ;
   wire txing_end = bit_end & bit_num == 10 ; // 11位全部发送完
always @ ( posedge clk , negedge rstn )
   if ( !rstn )
```

```
      begin
       txing_en  <= 0 ;
       bit_num   <= 0 ;
       bit_tx_buf <= {11{1'b1}} ;
       uart_tx   <= 1 ;
       uart_tx_done  <= 0 ;
      end
     else
      begin
       if ( txing_end ) txing_en <= 0 ;
       else if ( tx_data_en ) txing_en <= 1 ;
       // 用发送请求信号 tx_data_en 锁存发送数据
       if ( (!txing_en) & tx_data_en )
        bit_tx_buf <= {1'b1,tx_data[7:0],1'b0,1'b1} ;
       else if ( bit_end ) bit_tx_buf <= {1'b1,bit_tx_buf[10:1]} ;
        // 用移位寄存器处理, 这样每个位周期内输出最低位即可
        // 也可以用 bit_num 作为数据选择器

       if ( !txing_en ) cyc_cnt <= 0 ;
       else if ( txing_end | bit_end ) cyc_cnt <= 0 ;
       else cyc_cnt <= cyc_cnt + 1 ;

       if ( !txing_en ) bit_num <= 0 ;
       else if ( bit_end ) bit_num <= bit_num + 1 ;

       if ( !txing_en ) uart_tx <= 1 ;
       else uart_tx <= bit_tx_buf[0] ;
       uart_tx_done <= txing_end ;
      end

endmodule
```

（2）UART接收模块的设计

对于UART接收端，并不知道对端会在什么时候开始发起数据通信，所以只能一直监听UART总线状态。把检测到的第一个下降沿当作开始位，以此为起点，开始接收相应数量的位，并对每个位进行计数。接收结束后，输出收到的数据，并输出数据有效指示信号，继续监听总线状态，如图6-7所示。

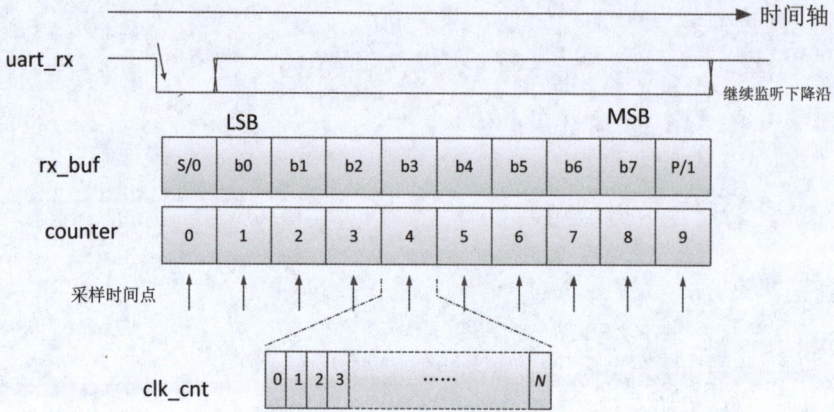

图 6-7

从 UART 总线的下降沿开始，每个位持续时间相同，如果传输的值发生改变，也是在每个位的边界处发生改变，所以需要在每个位的中点附近采样总线的值，将采样值写入接收缓冲器。把开始位、停止位计算在内，每次接收处理只需要接收 10 个位，接收结束后，图 6-7 所示的中间 8 个位就是 UART 传输的数据位。UART 接收模块 uart_simple_rx 参考代码见代码 6-2。

代码 6-2：UART 接收模块 uart_simple_rx 参考代码

```
module uart_simple_rx #( parameter BAUD_PARA = 104 ) (
    output reg     rx_data_valid , // 数据处理结束上报请求
    output reg [7:0] rx_data      , // 数据处理结果
    input        uart_rx      , // UART 数据线输入
    input        clk        ,
    input        rstn
    );
// ----|
//      ____ S D0 ～ D7 P 一共 10 位
wire uart_rx_syn ;
wire uart_rx_nedge ;
sig_sync uart_rx_syner ( // 同步处理消除亚稳态
  /*output wire */.sync_out ( uart_rx_syn ),
  /*input wire */.sig   ( uart_rx   ),
  /*input wire */.clk   ( clk    )
  );
pulse_det uart_rx_nedger ( // 检测下降沿，作为开始位的开始标志
```

178

```
/*output wire */.sig_pedge ( ) ,
/*output wire */.sig_nedge ( uart_rx_nedge ) ,
/*input  wire */.sig_in  ( uart_rx_syn ) ,
/*input  wire */.clk    ( clk     ) ,
/*input  wire */.rstn   ( rstn    )
);
// uart_rx_nedge -S D0 ～ D7 P- --> (BAUD_PARA cyc) *10
reg [15:0] cyc_cnt ; // 当前位的时间计数
reg [ 3:0] bit_num ; // 接收到的位计数, bit_end 累加
reg    rxing_en ;
reg [ 9:0] bit_rx_buf ; // 数据接收缓存
  wire bit_sample_pt = cyc_cnt == ( BAUD_PARA/2 ) ;
    // 在接收位的中点采样
  wire bit_end  = cyc_cnt == ( BAUD_PARA-1 ) ;
  wire payload_end = bit_end & bit_num == 8 ;
  wire rxing_end  = bit_end & bit_num == 9 ;
    // 第9位表示结束位
always @ ( posedge clk , negedge rstn )
  if ( !rstn )
   begin
    rxing_en    <= 0 ;
    bit_num     <= 0 ;
    bit_rx_buf  <= 0 ;
    rx_data_valid <= 0 ;
    rx_data     <= 0 ;
   end
   else
   begin
    if ( uart_rx_nedge ) rxing_en <= 1 ; // UART IDLE后第一个下降沿
    else if ( rxing_end ) rxing_en <= 0 ;

    if ( !rxing_en ) cyc_cnt <= 0 ;
    else if ( rxing_end | bit_end ) cyc_cnt <= 0 ; // 每个位从0开始
    else cyc_cnt <= cyc_cnt + 1 ;

    if ( !rxing_en ) bit_num <= 0 ;
    else if ( bit_end ) bit_num <= bit_num + 1 ; // 每个位结束时累加1
```

```
    if ( bit_sample_pt )
       bit_rx_buf <= {uart_rx_syn,bit_rx_buf[9:1]} ;
    rx_data_valid <= rxing_end ;
    if ( rxing_end )rx_data <= bit_rx_buf[8:1] ;
      // bit[9] : Stop. bit[0] :Start
    end

endmodule
```

> 在UART接收处理的过程中，需不需要对输入的UART数据线进行去抖处理？

（3）UART收发器集成模块的设计

将UART收发器集成模块命名为uart_simple_phy，它包含UART发送模块uart_simple_tx和UART接收模块uart_simple_rx，参考代码6-3。

代码6-3：UART收发器集成模块uart_simple_phy参考代码

```
module uart_simple_phy # (
    parameter BAUD_PARA = 104   // BAUD_PARA = clk频率/BaudRate
    ) (
    output    uart_tx      , // UART TX数据线
    output    uart_tx_done , // UART TX完成应答信号
    output    rx_data_valid , // RX数据处理结束上报请求
    output [7:0] rx_data    , // RX接收数据
    input     uart_rx      , // UART数据线输入
    input     tx_data_en    , // UART TX请求信号
    input [7:0] tx_data     , // UART TX发送数据
    input     clk         ,
    input     rstn
    );

    uart_simple_rx #(.BAUD_PARA ( BAUD_PARA ) ) u_rx (
    /*output reg   */.rx_data_valid ( rx_data_valid ),
    /*output reg [7:0] */.rx_data   ( rx_data   ),
    /*input     */.uart_rx  ( uart_rx  ),
    /*input     */.clk   ( clk    ),
    /*input     */.rstn    ( rstn   )
```

```
    );

uart_simple_tx #(.BAUD_PARA ( BAUD_PARA )) u_tx (
    /*output reg    */.uart_tx   ( uart_tx   ),
    /*output reg    */.uart_tx_done ( uart_tx_done ),
    /*input         */.tx_data_en ( tx_data_en ),
    /*input [7:0]   */.tx_data   ( tx_data   ),
    /*input         */.clk       ( clk       ),
    /*input         */.rstn      ( rstn      )
    );

endmodule
```

三、UART消息处理模块设计

图6-4中的UART消息处理模块是UART调试系统中的串口应用层处理模块，它可以根据UART接收模块收到的内容确定seg7_disp_sel的值。

该模块还可以向PC端定期发送指定消息，可设计为以下操作：进入该状态后，先输出指定信息，然后等待2s，其间若有特定符号输入则切换到其他状态，没有特定符号输入就继续输出指定信息，如图6-8所示。

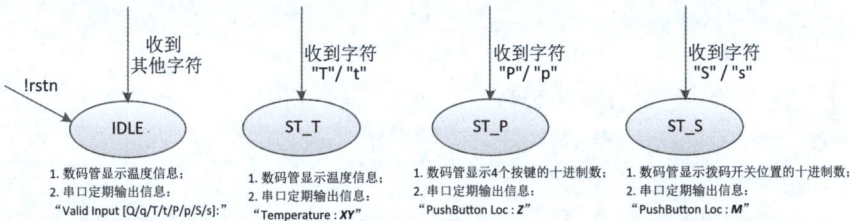

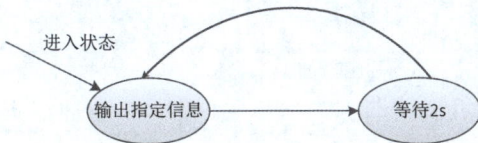

图 6-8

代码6-4是UART消息处理模块uart_app参考代码。需要注意的是，该模块并没有采用状态机设计方式，因为控制数码管显示内容的选择信号seg7_src_sel本身已经区分了各种不同的场景，可以把seg7_src_sel当作独热编码的状态机状态信号。

代码6-4：UART消息处理模块uart_app参考代码

```verilog
module uart_app #(
    parameter CLK_MHZ = 12 ) (
    output wire [ 2:0] seg7_disp_sel , //数码管显示信息选择信号
    output wire     tx_data_valid , //UART TX请求信号
    output wire [ 7:0] tx_data_in  , //UART TX字节内容
    input wire    rx_data_valid , //UART RX上报请求信号
    input wire [ 7:0] rx_data_out  , //UART RX上报字节数据
    input wire    tx_data_done , //UART TX请求应答信号
    input wire [15:0] temp_value   , //温度值输入
    input wire [ 3:0] KEYIN      , //按键状态输入
    input wire [ 3:0] SWIN       , //拨码开关状态输入
    input       clk     ,
    input       rstn
    ) ;


// 1s = CLK_MHZ M clk
`ifdef RTL_SIM
  localparam TIME1S = CLK_MHZ * 2_000 ;
`else
  localparam TIME1S = CLK_MHZ * 1_000_000 ;
`endif

reg [31:0] cnt ; // 2s to tx info automatically
reg [ 6:0] tx_byte_cnt ; // 31 byte total
reg     tx_byte_en ;
reg [ 7:0] tx_byte   ;
reg [ 7:0] tx_byte_en_dly ;
reg [7:0] tx_byte_sel ;
reg msg_txing ;
  wire msg_txing_done = tx_data_done & (tx_byte_cnt == 31) ;
  wire idle_cyc_done = cnt >= (TIME1S*2 ) ;
reg [2:0] seg7_src_sel ;
reg [32*8-1:0] info ;
//收到PC端串口发出的"T"、"t"、"P"、"p"、"S"、"s"等字符后立即切换状态
//串口收到字符，若不是上述符号，就切换到IDLE状态
always @ ( posedge clk , negedge rstn )
    if (!rstn)
```

```
    seg7_src_sel <= 0 ;
  else if ( rx_data_valid )
    case ( rx_data_out )
     "T" , "t" : seg7_src_sel <= 1 ;
     "P" , "p" : seg7_src_sel <= 2 ;
     "S" , "s" : seg7_src_sel <= 4 ;
     default  : seg7_src_sel <= 0 ;
    endcase
```
// 不同状态下向PC端发出的信息定义
// 设计形式类似数据选择器。对于更复杂的内容，可以设计为ROM
// 下面这段代码也可以设计为ROM。从ROM读出特定信息数据后，需要在指定位置
// 替换实时变化的温度值、按键状态、拨码开关信息
```
always @ ( posedge clk , negedge rstn )
  if (!rstn)
    info <= 0 ;
  else if ( seg7_src_sel == 1 )
    info <= {"Temperature :",temp_value[15:0] } ;
  else if ( seg7_src_sel == 2 )
    info <= {"PushButton Loc :",{4'b0,KEYIN[3:0]} } ;
  else if ( seg7_src_sel == 4 )
    info <= {"Switch Loc :",{4'b0,SWIN[3:0]} } ;
  else
    info <= {"Valid Input [Q/q/T/t/P/p/S/s]:"} ; // 32 byte
```

// 如下代码产生UART TX请求信号tx_byte_en
```
 always @ ( posedge clk , negedge rstn )
  if (!rstn)
   begin
    cnt <= 0 ;
    tx_byte_cnt <= 0 ;
    msg_txing <= 0 ;
    tx_byte_en <= 0 ;
    tx_byte   <= 0 ;
    tx_byte_en_dly <= 0 ;
   end
  else
   begin
    if ( msg_txing_done ) msg_txing <= 0 ;
    else if ( tx_byte_en ) msg_txing <= 1 ;
```

```
    if ( msg_txing | idle_cyc_done ) cnt <= 0 ;
    else cnt <= cnt + 1 ;

    if ( idle_cyc_done ) tx_byte_cnt <= 0 ;
    else if ( tx_data_done ) tx_byte_cnt <= tx_byte_cnt + 1 ;

    tx_byte_en <= ( tx_data_done & (!msg_txing_done) )
                  | idle_cyc_done ;
    // 需要注意开始发送字符的时间
    tx_byte    <= tx_byte_sel ;//{4'b0,KEYIN[3:0]} ;//tx_byte_sel ;
    tx_byte_en_dly <= {tx_byte_en_dly[6:0],tx_byte_en} ;
  end

// UART TX 的字节通过数据选择器从 info 中选择
always @ ( * )
  case ( tx_byte_cnt )
    'd000 : tx_byte_sel = info[31*8+:8] ;
    'd001 : tx_byte_sel = info[30*8+:8] ;
    'd002 : tx_byte_sel = info[29*8+:8] ;
    'd003 : tx_byte_sel = info[28*8+:8] ;
    'd004 : tx_byte_sel = info[27*8+:8] ;
    'd005 : tx_byte_sel = info[26*8+:8] ;
    'd006 : tx_byte_sel = info[25*8+:8] ;
    'd007 : tx_byte_sel = info[24*8+:8] ;
    'd008 : tx_byte_sel = info[23*8+:8] ;
    'd009 : tx_byte_sel = info[22*8+:8] ;
    'd010 : tx_byte_sel = info[21*8+:8] ;
    'd011 : tx_byte_sel = info[20*8+:8] ;
    'd012 : tx_byte_sel = info[19*8+:8] ;
    'd013 : tx_byte_sel = info[18*8+:8] ;
    'd014 : tx_byte_sel = info[17*8+:8] ;
    'd015 : tx_byte_sel = info[16*8+:8] ;
    'd016 : tx_byte_sel = info[15*8+:8] ;
    'd017 : tx_byte_sel = info[14*8+:8] ;
    'd018 : tx_byte_sel = info[13*8+:8] ;
    'd019 : tx_byte_sel = info[12*8+:8] ;
    'd020 : tx_byte_sel = info[11*8+:8] ;
    'd021 : tx_byte_sel = info[10*8+:8] ;
    'd022 : tx_byte_sel = info[09*8+:8] ;
```

```
        'd023 : tx_byte_sel = info[08*8+:8] ;
        'd024 : tx_byte_sel = info[07*8+:8] ;
        'd025 : tx_byte_sel = info[06*8+:8] ;
        'd026 : tx_byte_sel = info[05*8+:8] ;
        'd027 : tx_byte_sel = info[04*8+:8] ;
        'd028 : tx_byte_sel = info[03*8+:8] ;
        'd029 : tx_byte_sel = info[02*8+:8] ;
        'd030 : tx_byte_sel = info[01*8+:8] ;
        'd031 : tx_byte_sel = info[00*8+:8] ;
        default : tx_byte_sel = info[31*8+:8] ;
      endcase

//// Output Drivers
    assign tx_data_valid = tx_byte_en_dly[5] ;
    assign tx_data_in   = tx_byte  ;
    assign seg7_disp_sel = seg7_src_sel ;

endmodule
```

需要注意，虽然从串口输入一个字符后seg7_disp_sel的值会立即发生改变，但是要等到2s后才启动UART TX向PC端发送符号串，每个字符发送结束时，PHY上报的tx_data_done应答作为启动下一个字符发送的请求触发信号。字符串的最后一个字符发送结束后，不能立即继续发起TX请求，而要等到2s后才可以。

动手练习 读者可以尝试用ROM的方式实现各个状态的info选择。

四、UART驱动集成模块

从前述分析可以看出，UART调试系统中对符号级的处理在uart_app中完成，对应的符号接收、符号发送在uart_simple_phy中完成。把uart_app、uart_simple_phy集成为一个模块，命名为uart_top，其Verilog HDL代码参考代码6-5。

代码6-5：UART驱动集成模块uart_top参考代码

```
module uart_top # (
    parameter BAUD_PARA = 104 ) ( // 104 : for 12M clk and 115200 Baud
    output   [ 3:0] seg7_disp_sel , //数码管显示信息选择信号
```

185

```
    output       uart_tx      , //UART 发送输出
    input        uart_rx      , //UART 接收输入
    input wire [15:0] temp_value   ,
    input wire [ 3:0] KEYIN       ,
    input wire [ 3:0] SWIN        ,
    input        clk          ,
    input        rstn
    );


    wire    rx_data_valid ;
    wire [ 7:0] rx_data     ;
    wire    tx_data_done ;
    wire    tx_data_en  ;
    wire [ 7:0] tx_data     ;
uart_app uart_app (
    /*output wire [ 3:0] */.seg7_disp_sel ( seg7_disp_sel ) ,
    /*input wire     */.rx_data_valid ( rx_data_valid ) ,
    /*input wire [ 7:0] */.rx_data_out  ( rx_data    ) ,
    /*output wire     */.tx_data_valid ( tx_data_en  ) ,
    /*output wire [ 7:0] */.tx_data_in  ( tx_data    ) ,
    /*input wire     */.tx_data_done ( tx_data_done ) ,
    /*input wire [15:0] */.temp_value  ( temp_value  ) , // 温度值输入
    /*input wire [ 3:0] */.KEYIN      ( KEYIN      ) , // 按键状态输入
    /*input wire [ 3:0] */.SWIN       ( SWIN       ) , // 拨码开关状态输入
    /*input       */.clk      ( clk      ) ,
    /*input       */.rstn      ( rstn      )
    );


uart_simple_phy # (
    .BAUD_PARA ( BAUD_PARA )  // BAUD_PARA = clk 频率/BaudRate
    ) uart_simple_phy (
    /*output     */.uart_tx    ( uart_tx    ) , // UART TX 数据线
    /*output     */.uart_tx_done ( tx_data_done ) , // UART TX 完成应答信号
    /*output     */.rx_data_valid ( rx_data_valid ) ,
    /*output [7:0] */.rx_data    ( rx_data    ) , // RX 接收数据
    /*input      */.uart_rx    ( uart_rx    ) , // UART 数据线输入
    /*input      */.tx_data_en  ( tx_data_en  ) , // UART TX 请求信号
    /*input [7:0] */.tx_data    ( tx_data    ) , // UART TX 发送数据
    /*input      */.clk      ( clk      ) ,
    /*input      */.rstn      ( rstn      )
```

```
    );

endmodule
```

6.2.4 七段数码管驱动模块

串口调试系统的七段数码管驱动模块与第5章的seg7_thermometer模块存在差异，对比如下。

- 增加拨码开关、按键状态输入信号。

- 增加数据选择信号seg7_disp_sel。

- 拨码开关、按键状态都使用两位数码管，所以其各自的编码转换为8421BCD码后是8位，高4位和低4位各自驱动一个数码管。

将模块命名为seg7_uart，详细设计可参考代码6-6，其中的注释给出了与第5章介绍的seg7_thermometer的差异情况说明。

代码6-6：串口调试系统的seg7_uart模块与seg7_thermometer差异比较

```
module seg7_uart (
    output wire      seg1_enb ,
    output wire [ 7:0] seg1_out , //MSB ～ LSB = DP, G, F, E, D, C, B, A
    output wire      seg2_enb ,
    output wire [ 7:0] seg2_out , //MSB ～ LSB = DP, G, F, E, D, C, B, A
    input wire [15:0] temp_in ,
    input wire [ 3:0] KEYIN      , //新增按键输入状态
    input wire [ 3:0] SWIN       , //新增拨码开关位置状态
    input wire [ 3:0] seg7_disp_sel , //新增显示数据选择信号
    input wire    clk   ,
    input wire    rstn
    ) ;

// 其他代码与 seg7_thermometer 相同

//always @ ( posedge clk , negedge rstn )
//   if (!rstn)
//     temp_ABS <= 0 ;
//   else if ( temp_in[15:11] == 5'b1_1111 )
```

```
//    temp_ABS <= 0 - temp_in ;
//  else
//    temp_ABS <= temp_in ;
//     //二进制补码处理，获取数据的绝对值
//用如下数据选择模块替换 seg7_thermometer 中的温度处理
// SEG7- source select
always @ ( posedge clk , negedge rstn )
  if (!rstn)
    temp_ABS <= 0 ;
  else
    case (1'b1)
      seg7_disp_sel[1] : temp_ABS <= {8'b0,KEYIN[3:0],4'd0} ;
      seg7_disp_sel[2] : temp_ABS <= {8'b0,SWIN[3:0],4'd0} ;
      default :
       if ( temp_in[15:11] == 5'b1_1111 )
        temp_ABS <= 0 - temp_in ;
       else
        temp_ABS <= temp_in ;
    endcase
  //其他部分与 seg7_thermometer 相同
endmodule
```

从形式上看，seg7_uart就是对输入bin2bcd模块bin_code端口的temp_ABS_int信号内容进行了替换，利用输入的seg7_disp_sel信号完成数据源的选择。seg7_disp_sel为一个独热编码的信号，其编码意义如表6-1所示。

表6-1

信号	位宽	值	意义
seg7_disp_sel	4	0010b	数码管显示按键输入状态
		0100b	数码管显示拨码开关位置状态
		其他	数码管显示DS18B20的温度值

6.2.5 DS18B20驱动模块

使用第5章介绍的DS18B20_top模块读取DS18B20的温度值。

6.2.6 串口调试系统顶层模块设计

由图6-4可知，串口调试系统被划分为3个子系统：数码管显示子系统、

DS18B20驱动子系统、串口驱动子系统。把这3个子系统集成在一起，即可得到串口调试系统的顶层模块，Verilog HDL参考代码见代码6-7。

代码6-7：串口调试系统顶层模块参考代码

```verilog
module step_lesson (
    output wire [ 8:0]  SEG_DIG1 ,
    output wire [ 8:0]  SEG_DIG2 ,
    inout wire [35:0]  GPIO   ,
    input wire [ 3:0]  KEYIN  ,
    input wire [ 3:0]  SWIN   ,
    input wire      clkin
    );
//////////// Internal Signal
wire clk = clkin ;
wire rstn = 1'b1 ;

// DS18B20 : temperature sensor
wire [15:0] temp_value   ;
wire     temp_value_vld ;
wire     bus_drv_en   ;
wire     DS18B20_din  ;
wire     DS18B20_en = 1'b1 ;//!KEYIN[3] ;
    localparam US1_SIZE = 4 ;
    localparam US1   = 12 ; // 12M clk

DS18B20_top #(
    .US1_SIZE ( US1_SIZE ) ,
    .US1   ( US1   )
    ) DS18B20_top (
    /*output wire [15:0] */.temp_value  ( temp_value  ) ,
    /*output wire    */.temp_value_vld ( temp_value_vld ) ,
    /*output wire    */.bus_drv_en   ( bus_drv_en  ) ,
    /*input wire    */.DS18B20_din  ( DS18B20_din ) ,
    /*input wire    */.app_en    ( DS18B20_en  ) ,
    /*input wire    */.clk     ( clk     ) ,
    /*input wire     */.rstn     ( rstn    )
    );

// UART IF
```

189

```
localparam CLK_MHZ  = 12  ; // 12MHz clk
localparam BAUD_PARA = 104 ; // for Baud 115200
 // BaudRate = CLK_MHZ*1000_000/BAUD_PARA
 wire [2:0] seg7_disp_sel ;
 wire    uart_tx    ; //UART发送输出
 wire    uart_rx    ; //UART接收输入

uart_top # (
 .BAUD_PARA ( BAUD_PARA ) ) uart_top (
 /*output    [2:0] */.seg7_disp_sel ( seg7_disp_sel ) ,
 /*output       */.uart_tx    ( uart_tx    ) , //UART发送输出
 /*input      */.uart_rx    ( uart_rx    ) , //UART接收输入
 /*input wire [15:0] */.temp_value ( temp_value ) ,
 /*input wire [ 3:0] */.KEYIN    ( KEYIN    ) ,
 /*input wire [ 3:0] */.SWIN    ( SWIN    ) ,
 /*input      */.clk    ( clk    ) ,
 /*input      */.rstn    ( rstn    )
 ) ;

//// SEG7-LED Driver
 wire    seg1_enb ;
 wire [ 7:0] seg1_out ; //MSB ~ LSB = DP,G,F,E,D,C,B,A
 wire    seg2_enb ;
 wire [ 7:0] seg2_out ; //MSB ~ LSB = DP,G,F,E,D,C,B,A
seg7_uart seg7_uart (
 /*output wire    */.seg1_enb  ( seg1_enb  ) ,
 /*output wire [ 7:0] */.seg1_out  ( seg1_out  ) ,
 /*output wire    */.seg2_enb  ( seg2_enb  ) ,
 /*output wire [ 7:0] */.seg2_out  ( seg2_out  ) ,
 /*input wire [15:0] */.temp_in   ( temp_value ) ,
 /*input wire [ 3:0] */.KEYIN    ( KEYIN    ) ,
 /*input wire [ 3:0] */.SWIN    ( SWIN    ) ,
 /*input wire [ 2:0] */.seg7_disp_sel ( seg7_disp_sel ) ,
 /*input wire    */.clk    ( clk    ) ,
 /*input wire    */.rstn    ( rstn    )
 ) ;

/// output Drivers
assign DS18B20_din = GPIO[15] ;
assign GPIO[15]  = bus_drv_en ? 1'b0 : 1'bz ;
```

```
    assign uart_rx = GPIO[0] ; // pin_M4
    assign GPIO[1] = uart_tx ; // pin_P3

    assign SEG_DIG2[8:0] = { seg2_enb , seg2_out[7:0] } ;
    assign SEG_DIG1[8:0] = { seg1_enb , seg1_out[7:0] } ;

endmodule
```

6.3 串口调试注意事项

用本章介绍的各个模块创建新的FPGA工程，确认管脚位置约束并编译产生下载文件后可烧录到MAX10核心板上进行系统验证。选择PC端的串口调试工具时，需要注意这些工具的一些使用限制，以免在调试过程中出现问题。

最需要注意的是串口的流控功能。PC端的很多串口调试工具接收UART端口数据有存储深度的限制，这导致两个系统间使用UART进行数据传输时，不仅要考虑UART传输速率，还要考虑数据传输的最大吞吐量。在数据传输过程中，如果峰值吞吐量超过接收设备的串口数据存储深度，就会造成部分数据的丢失。

从图6-5可以看出，在两个设备之间用UART传输数据时，两次数据传输之间的空闲状态并不是必需的，上一次传输的停止位结束后，可以立即开始再次传输。显然，这种情况就是UART最大传输吞吐量的场景。所以，当PC端串口调试工具的输出信息与FPGA发送的预期序列并不相同时，首先需要排查是不是由于PC端软件的存储深度不够。可以用逻辑分析仪抓取两个设备之间的UART数据，通过逻辑分析仪的解析结果隔离问题点。

6.4 高手进阶

本章用一个简单调试系统的设计说明了UART的一些基本问题。这个调试系统对串口的一些特性做了定制处理，数据位宽固定为8位、不使用校验位、停止位为1位、波特率可以根据应用调整参数实现（不能在操作过程中切换波特率）。

如果要设计一个全功能的UART收发模块，要考虑哪些问题呢？可以从UART

传输协议、UART 应用两个方面来分析。

（1）UART 传输协议方面的因素。

- 数据位 4/5/6/7/8 位可配置。
- 数据位高位先传/低位先传可配置。
- 校验位奇校验/偶校验/高校验/低校验/无校验位可配置。
- 停止位 1/1.5/2 位可配置。
- 波特率可任意配置。

（2）UART 应用方面的因素。

- 全双工/半双工工作模式可配置。
- 接收 FIFO（First In First Out，先进先出）深度、发送 FIFO 深度可配置。
- 输入滤波：$N \times 10$ns 以下的脉冲被当作毛刺滤除，其中 N 可配置。

感兴趣的读者可以进一步定义详细的模块规范，然后编写代码以实现该全功能的 UART 收发模块。

6.5 小结

虽然已在 PC 端逐渐消失，但作为一种简单且曾经广泛应用的计算机外设接口，串口因协议简单，并且只需要占用一根数据线，在很多电子系统中依然是调试接口的首选，还有一些电子系统使用串口完成系统内可编程器件的编程。本章以一个简单串口调试系统为例，说明了 UART 串口的一些基本概念以及设计的一些基本问题。

第 **7** 章

用FPGA点亮显示屏

7.1 SPI简介

图7-1所示为SPI单次数据通信过程中的接口信号，这个过程中主设备向从设备发送一个字节（0x23），从设备输出数据0x45。使用SPI总线时，数据通信必须由主设备发起，即片选（SS）、时钟（SCK）由主设备驱动。MOSI、MISO两根数据线分别是主设备输出数据线、从设备输出数据线，分别由主设备、从设备驱动。

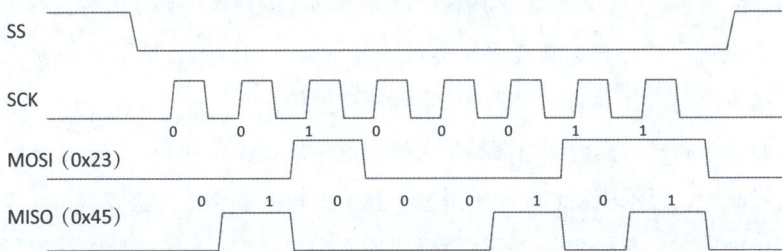

图 7-1

片选SS通常使用低电平有效的方式，片选信号为高电平表示SPI的总线空闲状态。在空闲状态下，时钟SCK可以是低电平，也可以是高电平，这是SPI的时钟极性（Clock Polarity，CPOL）属性。CPOL为1表示空闲时SCK为高电平，CPOL为0表示空闲时SCK为低电平。

SPI的另一个重要属性是时钟相位（Clock Phase，CPHA）。CPHA决定了主设备、从设备是在SCK的上升沿还是下降沿采样各自的输入数据。需要注意的是，CPHA

是一个与CPOL相关的概念，并不是CPHA为1就表示在上升沿采样数据。

CPOL、CPHA一共有4种组合，形成了SPI的4种工作模式。主设备要支持全部4种模式，而从设备可以只支持一种模式。所以主设备应该根据从设备支持的模式来设置CPOL、CPHA。

标准SPI的MOSI是主设备驱动，MISO是从设备驱动。在实际使用中，为了提高数据吞吐量，MOSI、MISO可以都由主设备驱动，或者都由从设备驱动，即演变成双线SPI（Dual SPI），这时数据传输吞吐量是标准SPI的两倍。还可以再增加两根数据线，即可以用4根数据线传输数据，演变为Quad SPI或QPI。

7.2 OLED屏简介

显示技术的本质是将电信号转换为视觉信号。经过从阴极射线技术到平板显示技术的技术迭代，平板显示技术也从LCD（Liquid Crystal Display，液晶显示屏）逐步过渡到OLED（Organic Light Emitting Diode，有机发光二极管）。OLED具有功耗低、响应速度快、视角广等优点。平板显示技术的发展趋势是更微细化、更薄膜化的Mini LED、Micro LED技术。我国的电子产业曾经有很长一段时间都存在"缺芯少屏"（芯片产业和显示屏产业长期被制约）的情况，如今已经得到了根本性解决，在电视、计算机、智能手机等传统显示领域，以及智能穿戴等新兴显示领域，我国各种显示技术的研发都处于世界领先地位。

看似简单的显示模组，内部其实大有文章。从功能角度看，一个显示模组内部包含显示面板、显示驱动芯片两大部分。显示面板的本质是一块玻璃，其显示区域显示图像内容时，是栅极（Gate）驱动电路、源极（Source）驱动电路逐行、逐列地进行内容的刷新，因此栅极驱动也被称为行扫描驱动、源极驱动也被称为列扫描驱动。行、列扫描信号由显示驱动芯片提供，显示驱动芯片与显示面板之间的连线数量与显示分辨率成正比。

图7-2所示为一个显示驱动芯片与1200像素×1920像素分辨率面板之间的连接方式，可以看到，列分辨率为1200像素，每一列由显示驱动芯片提供一个驱动信号，即图中的S1～S1200；行分辨率为1920像素，但并不需要1920个驱动信号，而是被划分为左右两部分，每部分各包含16个驱动信号，即图中的CgoutL 1～16、

CgoutR 1 ~ 16。

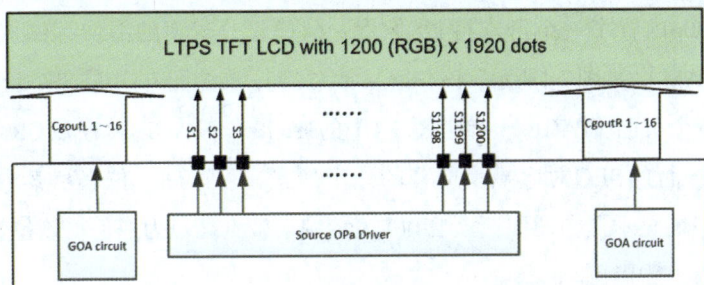

图 7-2

问题思考 为什么行驱动信号明显少于列驱动信号？

　　为了降低使用复杂度，广大普通用户接触的通常是已经集成了显示驱动芯片和显示面板的显示模组，用户接口则是相对简单的 SPI、并口、MIPI 等。比如小脚丫的 MAX10 培训板上集成了一个 OLED 模组（ZJY091S0700WG01，后文简称 ZJY091S），其用户接口采用 SPI，除了电源和地之外，该模组的外部接口只有 5 根线，如图 7-3 所示。

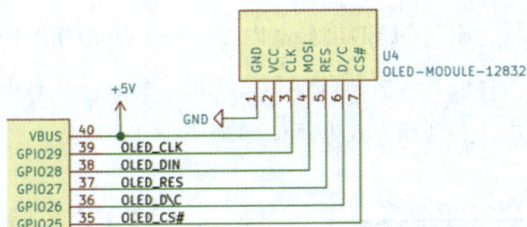

图 7-3

7.2.1 SPI 显示驱动芯片 SSD1306

　　ZJY091S 内的显示驱动芯片采用晶门半导体的 SSD1306。SSD1306 是一款为共阴极 OLED 面板设计的显示驱动芯片，它能支持最大 128 列（SEG）、64 行（COM）

输出，外部接口支持8位的6800/8080接口、I²C接口、SPI等。ZJY091S的分辨率为128像素×32像素，使用SPI作为外部用户接口。

SSD1306内置了一个可支持128像素×64像素分辨率的图像存储器（Graphics RAM，GRAM），如图7-4所示。该GRAM共128列，参考图7-4中的SEG0～SEG127，被划分为8个页面（PAGE），参考图7-4中的PAGE0～PAGE7。在该GRAM中，一个页面每一行的SEG对应显示屏幕的一个像素，可以用一位表示其内容，因此SSD1306只能显示黑白图像：该位为1表示像素被点亮，为白色；该位为0表示该像素不显示，为黑色。

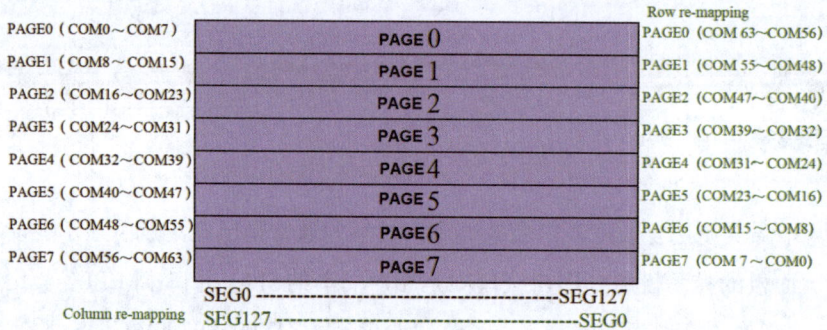

图7-4

因此一个页面的像素内容可以用一个字节来表示：该字节的最低位D0对应该页面的第1个像素，D7对应第8个像素。GRAM的内容决定了屏幕显示的内容，从这个角度看，可以认为刷新OLED屏显示内容就是在控制GRAM的内容。

SSD1306支持按行的方式更新GRAM的内容，也支持按列的方式更新，图7-5所示为分别用行扫方式和列扫方式更新GRAM。

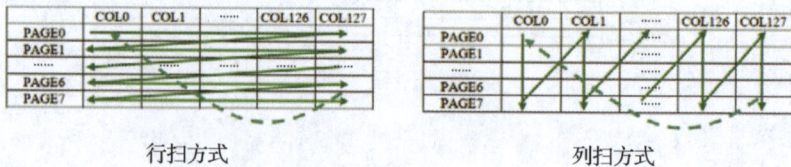

行扫方式　　　　　　　列扫方式

图7-5

在行扫方式下，GRAM的内容从一个页面的第一列开始更新，每输入一个数据，扫描指针加1，到一个页面的末尾后，自动指向下一页面的第一列；到最后一个页面的最后一列之后，指针自动回到第一个页面的第一列。这种方式也叫水平扫描方式。

使用这种方式时，扫描指针到了行末后，也可以不跳转到下一行的行首，而是回到本行的行首。这种方式被SSD1306定义为页面扫描方式，即指针只在同一行内循环。如果需要切换到新的一行，必须通过用户接口配置相关命令。

列扫方式是指每输入一个数据，扫描指针在行方向上累加1，自动指向下一行（页面），到了PAGE7后，下一个数据自动写入下一列的PAGE0。因此这种方式也叫垂直扫描方式。

除了选择行扫、列扫方式外，SSD1306还支持设定数据更新的起始位置、结束位置。SSD1306的芯片规格书中有这些命令的详细说明，图7-6所示为其中3个命令的说明。

地址相关命令说明										
D/C#	值	D7	D6	D5	D4	D3	D2	D1	D0	命令	说明
0	22h	0	0	1	0	0	0	1	0		设置页面起始和结束地址
0	A[2:0]	*	*	*	*	*	A2	A1	A0	设置页面地址	A[2:0]：起始地址
0	B[2:0]	*	*	*	*	*	B2	B1	B0		B[2:0]：结束地址
0	20h	0	0	1	0	0	0	0	0		A[1:0]=0 为列寻址模式
0	A[1:0]	*	*	*	*	*	*	A1	A0	设置寻址模式	A[1:0]=1 为行寻址模式
											A[1:0]=2 为页面寻址模式
											A[1:0]=3 为无效设置
0	21h	0	0	1	0	0	0	0	1		设置列起始和结束地址
0	A[6:0]	*	A6	A5	A4	A3	A2	A1	A0	设置列地址	A[6:0]：起始地址
0	B[6:0]	*	B6	B5	B4	B3	B2	B1	B0		B[6:0]：结束地址

图 7-6

7.2.2 显示模组的操作

一个显示模组通常需要多个电源的支持，并且需要先对模组进行一系列的配置。本小节将介绍显示模组的操作，分别为上电、初始化、显示刷新。

一、上电

SSD1306的工作需要多个电源，并且这些电源在上电时有时序要求，如图7-7所示，需要先给V_{DD}供电，通过拉低RES#对芯片复位一次后，再提供V_{CC}电源电压。

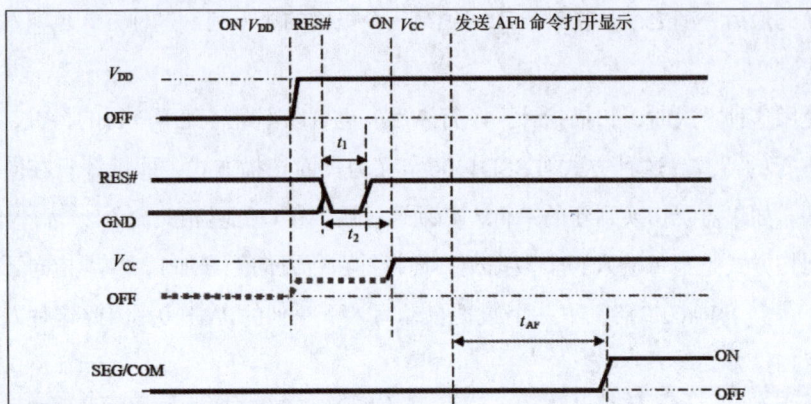

图 7-7

二、初始化

SSD1306还支持很多其他的功能。为了让屏幕能显示GRAM的内容，必须在上电后正确配置SSD1306，即对其各个寄存器进行读写操作。这一步也被称为配置初始化。

对于特定应用，初始化代码是确定的，因此可以用一个ROM来保存这些初始化代码。代码7-1是某种应用下SSD1306的初始化参考代码。

代码7-1：SSD1306的初始化参考代码

```
module OLED_init_rom (
    output wire [7:0] rom_dout ,
    input wire [4:0] rom_addr ,
    input wire    clk    ,
    input wire    rstn
    );
reg [7:0] init_seq ;
always @ (posedge clk )
 case (rom_addr)
 5'd00 : init_seq <= {8'hae} ; // CMD_AE : Display OFF
 5'd01 : init_seq <= {8'h00} ; // CMD_0m :
 5'd02 : init_seq <= {8'h10} ;
 // CMD_1n : 0xnm is the Col start address. use 00
 5'd03 : init_seq <= {8'hb0} ;
 // CMD_Bp : p is the page start address. p = 0~7
 5'd04 : init_seq <= {8'h81} ; // CMD_81 : set display contrast
```

```
5'd05 : init_seq <= {8'hff} ;
// CMD_81_ts : 0xts si the Contrast Setting. use 0xFF
5'd06 : init_seq <= {8'ha1} ; // CMD_A1 : Set Segment Re-MAP.
5'd07 : init_seq <= {8'ha6} ;
// CMD_A6 : Normal Display. CMD_A7 : Inverse Display
5'd08 : init_seq <= {8'ha8} ; // CMD_A8 : Set Multiplex Ratio
5'd09 : init_seq <= {8'h1f} ; // CMD_A8_mn : (0xmn +1) = MUX #. use 32
5'd10 : init_seq <= {8'hc8} ; // CMD_C8 : Re-map mode
5'd11 : init_seq <= {8'hd3} ; // CMD_D3 : Set Display Offset
5'd12 : init_seq <= {8'h00} ; // CMD_D3_mn : 0xmn is the offset
5'd13 : init_seq <= {8'hd5} ; // CMD_D5 : Set Display Clock Divide
5'd14 : init_seq <= {8'h80} ; // CMD_D5_mn : 0xmn is the parameter
5'd15 : init_seq <= {8'hd9} ; // CMD_D9 : Set Pre-Charge Period
5'd16 : init_seq <= {8'h1f} ; // CMD_D9_mn : 0xmn is the parameter
5'd17 : init_seq <= {8'hda} ; // CMD_DA : Set COM pin setting
5'd18 : init_seq <= {8'h00} ; // CMD_DA_mn : 0xmn is the parameter
5'd19 : init_seq <= {8'hdb} ; // CMD_DB : Set Vcomh
5'd20 : init_seq <= {8'h40} ; // CMD_DB_mn : 0xmn is the parameter
5'd21 : init_seq <= {8'h8d} ; // CMD_8D : Set charge pump
5'd22 : init_seq <= {8'h14} ; // CMD_8D_mn : 0xmn is the parameter
5'd23 : init_seq <= {8'haf} ; // CMD_AF : Display ON
5'd24 : init_seq <= {8'h20} ; // CMD_20 : Set GRAM Addressing Mode
5'd25 : init_seq <= {8'h00} ;
// CMD_20_mn : 0x00, Horizontal Addressing Mode
default : init_seq <= 0;
endcase

/// doutput drivers
 assign rom_dout = init_seq ;

endmodule
```

代码的注释简要说明了每个命令的大致含义。在显示技术领域，显示驱动芯片通常包含数量非常庞大的寄存器组，因此不同显示驱动芯片的初始化代码存在较大差异。

三、显示刷新

通常，在配置完初始化代码后，显示模组即进入可显示的工作状态。如前所述，刷新OLED屏显示内容就是在控制其驱动芯片内的GRAM内容。

根据是否包含GRAM，可以把显示驱动芯片分为两大类：包含GRAM的显示驱动芯片、不包含GRAM的显示驱动芯片。对于不包含GRAM的显示驱动芯片，由于它无法保存显示的内容，所以必须实时向显示驱动芯片提供显示内容数据。在MIPI中，明确定义了这种方式为视频模式（Video Mode）。而在包含GRAM的显示驱动芯片中，需要显示的内容可以保存在芯片内部，所以在显示内容没有变化时，外部可以不输入图像数据，可以待显示内容变化时再更新GRAM。在MIPI中，把这种方式称为命令模式（Command Mode）。

SSD1306内置GRAM，所以它可以支持命令模式。如前所述，SSD1306更新GRAM时，支持起始位置、结束位置的设置。设置起始位置后，再按逐行或逐列递增的方式更新GRAM内容，更新到指定结束位置（不一定是行尾或列尾）后自动跳转到下一行、下一列的指定起始位置。利用这个功能，可以实现GRAM的局部更新。SSD1306的0x20、0x21、0x22这3个寄存器分别配置为图7-8所示的值时，可以实现GRAM的局部更新功能。

0x20 0x00
0x21 0x01 0x06
0x22 0x02 0x7D

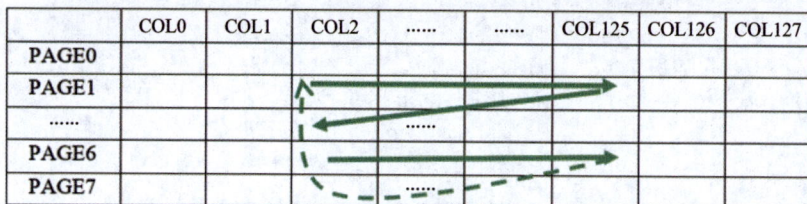

	COL0	COL1	COL2	......	......	COL125	COL126	COL127
PAGE0								
PAGE1								
......				......				
PAGE6								
PAGE7				......				

图 7-8

0x7D的十进制值为125，所以从外部写入的数据就只能更新GRAM中从PAGE1的COL2到PAGE6的COL125这部分显示内容。每个页面包含8行，因此这个更新区域的高度为48行、宽度为124列，这相当于在64像素×128像素的显示区域中开辟了一个小窗口，所以这种方式也被称为小窗口显示。

7.2.3 SSD1306的外部接口

SSD1306支持多种外部接口，包括8位的6800/8080并口、I²C接口、三线或者四线SPI等。当使用SPI时，其规格书表明SPI的时钟频率不能超过10MHz，数据采用高位先传的方式，如图7-9所示。

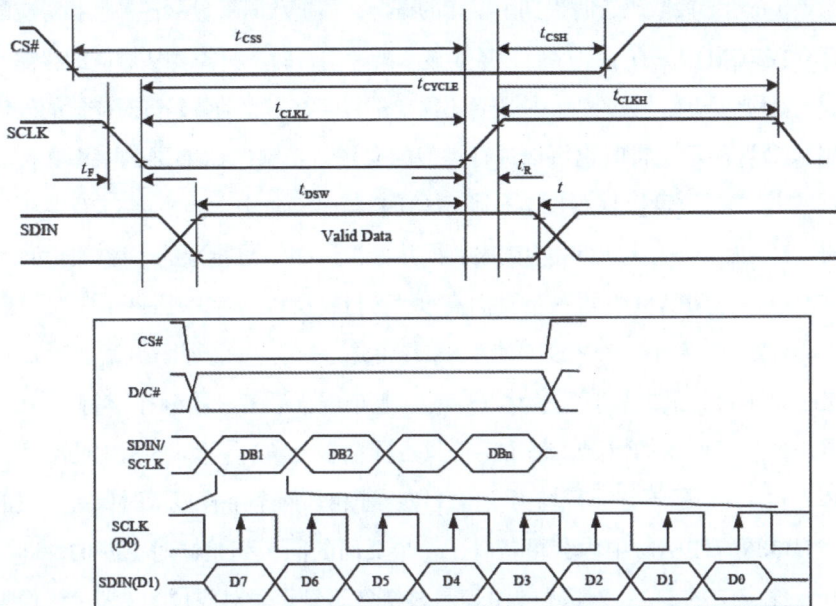

图 7-9

图7-9所示为四线SPI，它使用D/C#这个管脚来表示当前总线上是传输命令还是传输图像数据。如果使用三线SPI，则需要把D/C#这个管脚接地，SDIN传输数据时，SCLK的第一个周期的值表示D/C#，用来确定后续字节是传输命令还是传输图像数据。

7.3 ZJY091S模组显示驱动模块设计

如前所述，当一个显示模组包含GRAM时，更新模组显示内容的本质就是更新GRAM的内容。本节以ZJY091S为例，用FPGA驱动ZJY091S显示图7-10所示的内容。

图 7-10

整个模组一共32行、128列，屏幕中央分别显示"HELLO""STEPER"，屏幕最外圈被点亮（白色）。

7.3.1 字库

第4章介绍七段数码管时提到了字库的概念，即把数码管显示各种形状对应的内容先保存在ROM中。有了字库后，需要显示某种字符时，只需要从对应的存储器地址中读出对应内容驱动数码管，使用者不需要进行字符与驱动数码管对应段的处理。

用LCD屏显示字符时也可以进行类似的操作，先制作LCD屏的字库文件。比如大写字母"H"，可以保存图7-11所示的内容在ROM中。当需要LCD屏显示大写字母"H"时，直接从ROM中读取数据并更新到GRAM指定的小窗口即可。

SSD1306的GRAM中的一个页面高度为8行，所以将字库的每个字符设定为8像素×8像素的大小。ZJY091S使用SSD1306，只支持4个页面，宽度为128列，所以ZJY091S每行最多只能显示16个字符，整个屏幕最多显示64个字符。

参考图7-11所示的情况，每个字符只占屏幕右上角7像素×5像素的空间，每个字库左边3列、最下方一行均为空白，以保证相邻两个字符显示时保持一定的间隙。SSD1306的GRAM中内容更新时，一个页面的同一列是同时更新的，即每一列对应一个字节的8位：对应位为0表示该像素不显示，对应位为1表示该像素显示，所以每个字符的字库内容需要5个字节。图7-11所示的大写字母"H"的字库内容为{ 8'h7F, 8'h08, 8'h08, 8'h08, 8'h7F }，如图7-12所示。

图 7-11

F 8 8 8 F
7 0 0 0 7

图 7-12

> **要点提示** 图7-11、图7-12所示的大写字母"H"的显示效果是白底黑字，这只是为了说明显示内容与GRAM行、列的对应关系。ZJY091S为黑白屏，实际显示效果为黑底白字，如图7-10所示。

代码7-2给出了本节需要用到的字符的字库定义，其显示效果如图7-13所示。

代码7-2：SSD1306的字符的字库定义参考

```
wire [39:0] mem_H = {8'h7F, 8'h08, 8'h08, 8'h08, 8'h7F};  // H
wire [39:0] mem_E = {8'h7F, 8'h49, 8'h49, 8'h49, 8'h41};  // E
wire [39:0] mem_L = {8'h7F, 8'h40, 8'h40, 8'h40, 8'h40};  // L
wire [39:0] mem_O = {8'h3E, 8'h41, 8'h41, 8'h41, 8'h3E};  // O
wire [39:0] mem_S = {8'h46, 8'h49, 8'h49, 8'h49, 8'h31};  // S
wire [39:0] mem_T = {8'h01, 8'h01, 8'h7F, 8'h01, 8'h01};  // T
wire [39:0] mem_P = {8'h7F, 8'h09, 8'h09, 8'h09, 8'h06};  // P
wire [39:0] mem_R = {8'h7F, 8'h09, 8'h19, 8'h29, 8'h46};  // R
```

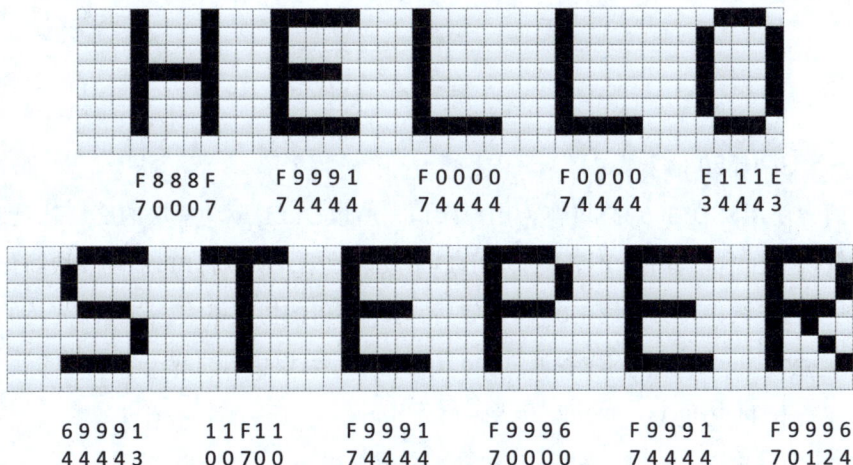

图7-13

7.3.2 OLED模块驱动层次设计

为了显示图7-10所示的内容，可以参考图7-14所示的OLED模块驱动层次设计。

显示应用层模块用于将外部高层输入的操作请求转换为系统内的显示驱动操作请求。高层需要更新显示内容时，拉高update_en，并提供第一个显示内容disp_data，向系统发起操作请求。系统处理中需要外部提供新的显示内容时，拉高req_new_byte请求高层更新数据。系统处理完全部内容后，更新OLED_ready状态。

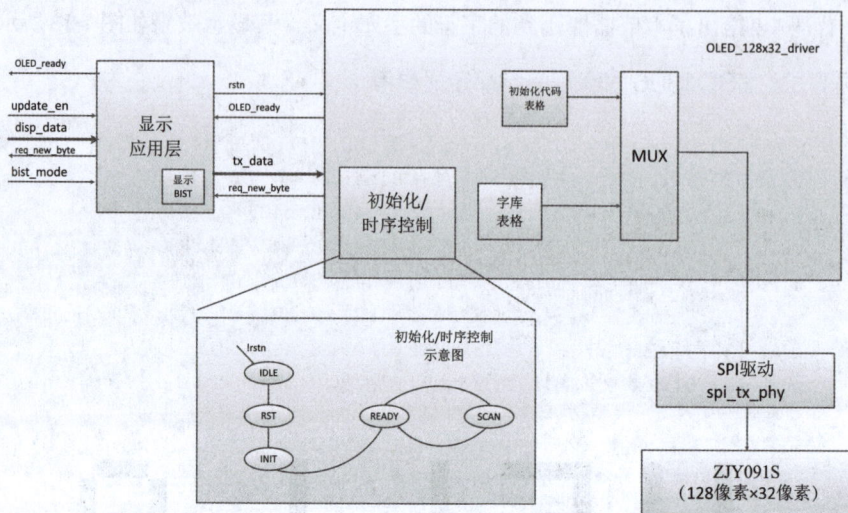

图 7-14

一、SPI 驱动

因为使用 SSD1306 的 SPI 作为用户接口，所以 OLED 驱动模块的底层就是 SPI 驱动模块。在本应用中，不需要从 SSD1306 读取数据，所以将 SPI 驱动模块简化为 SPI 的发送模块，其功能是在 tx_en 有效后，按照 SPI 的协议格式，以高位先传的方式把 tx_byte 中一个字节的内容通过 sdo 发送出去。该模块只完成一个字节的处理，所以命名为 spi_byte_tx_simple，参考代码 7-3。

代码 7-3：spi_byte_tx_simple 模块设计参考代码

```
module spi_byte_tx_simple # (
    parameter HALF_CYCLE  = 8
    ) (
    output wire   cs_b    ,
    output wire   sclk    ,
    output wire   sdo     ,
    output wire   tx_done ,
    input  wire   tx_en   ,
    input  wire [7:0] tx_byte ,
    input  wire   msb_first ,
    input  wire   clk     ,
    input  wire   rstn
    );
```

```verilog
reg tx_busy ;
reg tx_end ;
reg spi_clk ;
reg spi_tx_bit ;

reg [15:0] cnt ;
reg [ 3:0] bit_cnt ;
reg [ 7:0] spi_byte ;

wire clk_edge = cnt == (HALF_CYCLE-1) ;
wire clk_nedge = clk_edge & spi_clk ;
 // update tx bit @ nedge of spi_clk
wire spi_tx_end = clk_nedge & bit_cnt == 8 ;
always @ ( posedge clk , negedge rstn )
 if (!rstn)
  begin
  tx_busy <= 0 ;
  tx_end  <= 0 ;
  spi_byte <= 0 ;
  cnt <= 0 ;
  bit_cnt <= 0 ;
  spi_clk <= 1 ;
  spi_tx_bit <= 1 ;
  end
 else
  begin
  if ( tx_end ) tx_busy <= 0 ;
  else if ( tx_en & (!tx_busy) ) tx_busy <= 1 ;
  tx_end <= spi_tx_end ;
  if ( tx_en & (!tx_busy) ) spi_byte <= tx_byte ;
     // load and lock input data
  if ( !tx_busy ) cnt <= 0 ;
    else if ( cnt >= (HALF_CYCLE-1) ) cnt <= 0 ;
    else cnt <= cnt + 1 ;
  if ( !tx_busy ) bit_cnt <= 0 ;
    else if ( clk_nedge ) bit_cnt <= bit_cnt + 1 ;
    if ( !tx_busy ) spi_clk <= 1 ;
    else if ( clk_edge & ( !spi_tx_end ) ) spi_clk <= ~spi_clk ;
```

```
    if ( clk_nedge )
     case ( bit_cnt[2:0] )
       3'd0 : spi_tx_bit <= msb_first ? spi_byte[7] : spi_byte[0] ;
       3'd1 : spi_tx_bit <= msb_first ? spi_byte[6] : spi_byte[1] ;
       3'd2 : spi_tx_bit <= msb_first ? spi_byte[5] : spi_byte[2] ;
       3'd3 : spi_tx_bit <= msb_first ? spi_byte[4] : spi_byte[3] ;
       3'd4 : spi_tx_bit <= msb_first ? spi_byte[3] : spi_byte[4] ;
       3'd5 : spi_tx_bit <= msb_first ? spi_byte[2] : spi_byte[5] ;
       3'd6 : spi_tx_bit <= msb_first ? spi_byte[1] : spi_byte[6] ;
       3'd7 : spi_tx_bit <= msb_first ? spi_byte[0] : spi_byte[7] ;
     endcase
   end

/// output Drivers
  assign cs_b   = !tx_busy ;
  assign sclk   = spi_clk  ;
  assign sdo    = spi_tx_bit ;
  assign tx_done = tx_end   ;

endmodule
```

二、显示应用层

　　显示应用层模块根据不同的显示要求，实现对显示内容的控制。例如，可以在温度传感器检测到温度变化后，将最新的温度值显示到屏幕上；或者当拨码开关位置发生变化时，在屏幕指定位置显示相关信息。也就是说，这个模块的功能需要根据应用场景进行设计。图7-10所示的内容跟其他外部条件没有关系，可以认为其功能是上电后测试显示模组ZJY091S是否能正常工作，因此把它定义为"显示BIST"，它只是显示应用层的一种简单的功能。该模块输出显示区域的白色边界，中间两个页面分别输出字节序列"HELLO""STEPER"，所以把模块命名为dpi_test_pattern_hello_steper，参考代码7-4。

代码7-4："显示BIST"模块设计参考代码

```
module dpi_test_pattern_hello_steper #(
   parameter HACT = 12'd128 ,
   parameter VACT = 14'd4
   ) (
```

```
    output [ 7:0]   test_byte   ,
    output reg      frame_en    ,
    input wire      enable      ,
    input wire      req_new_byte ,
    input wire      clk         ,
    input wire      rstn
    );
wire [39:0] mem_H = {8'h7F, 8'h08, 8'h08, 8'h08, 8'h7F}; // 72 H
wire [39:0] mem_E = {8'h7F, 8'h49, 8'h49, 8'h49, 8'h41}; // 69 E
wire [39:0] mem_L = {8'h7F, 8'h40, 8'h40, 8'h40, 8'h40}; // 76 L
wire [39:0] mem_O = {8'h3E, 8'h41, 8'h41, 8'h41, 8'h3E}; // 79 O
wire [39:0] mem_S = {8'h46, 8'h49, 8'h49, 8'h49, 8'h31}; // 83 S
wire [39:0] mem_T = {8'h01, 8'h01, 8'h7F, 8'h01, 8'h01}; // 84 T
wire [39:0] mem_P = {8'h7F, 8'h09, 8'h09, 8'h09, 8'h06}; // 80 P
wire [39:0] mem_R = {8'h7F, 8'h09, 8'h19, 8'h29, 8'h46}; // 82 R

reg [11:0] hcnt;
 wire hcnt_end = hcnt == (HACT-1) ;
reg [13:0] vcnt;
 wire vcnt_end = vcnt == (VACT-1) ;
reg [ 7:0] test_data;
reg [ 1:0] enable_dly ;

always @ (posedge clk , negedge rstn)
 if (!rstn)
 begin
  enable_dly <= 0 ;
  frame_en <= 0 ;
  hcnt <= 0;
  vcnt <= 0;
 end
 else
 begin
  enable_dly <= {enable_dly[0],enable} ;
  frame_en <= enable_dly[1:0] == 2'b01 ; // pedge
  if ( frame_en ) hcnt <= 0;
  else if ( req_new_byte & hcnt_end ) hcnt <= 0;
  else if ( req_new_byte ) hcnt <= hcnt +1;
  if ( frame_en ) vcnt <= 0;
  else if ( req_new_byte & hcnt_end & vcnt_end ) vcnt <= 0;
```

```
       else if ( req_new_byte & hcnt_end ) vcnt <= vcnt +1;
    end

  always @ (posedge clk , negedge rstn)
    if (!rstn)
      test_data <= 0 ;
    else if ( hcnt == 0 )
      test_data <= 8'hFF ; // show outline : col 0
    else if ( hcnt == 127 )
      test_data <= 8'hFF ; // show outline : col 127
    else if ( vcnt == 0 )
      test_data <= 8'h01 ; // show outline : Page 0
    else if ( vcnt == 3 )
      test_data <= 8'h80 ; // show outline : Page 3
    else if ( vcnt == 1 )
      case ( hcnt[6:0] )
        7'd44 , 7'd45 , 7'd46 : test_data <= 0 ;
        7'd47 : test_data <= mem_H[32+:8] ;
        7'd48 : test_data <= mem_H[24+:8] ;
        7'd49 : test_data <= mem_H[16+:8] ;
        7'd50 : test_data <= mem_H[08+:8] ;
        7'd51 : test_data <= mem_H[00+:8] ;
        7'd52 , 7'd53 , 7'd54 : test_data <= 0 ;
        7'd55 : test_data <= mem_E[32+:8] ;
        7'd56 : test_data <= mem_E[24+:8] ;
        7'd57 : test_data <= mem_E[16+:8] ;
        7'd58 : test_data <= mem_E[08+:8] ;
        7'd59 : test_data <= mem_E[00+:8] ;
        7'd60 , 7'd61 , 7'd62 : test_data <= 0 ;
        7'd63 : test_data <= mem_L[32+:8] ;
        7'd64 : test_data <= mem_L[24+:8] ;
        7'd65 : test_data <= mem_L[16+:8] ;
        7'd66 : test_data <= mem_L[08+:8] ;
        7'd67 : test_data <= mem_L[00+:8] ;
        7'd68 , 7'd69 , 7'd70 : test_data <= 0 ;
        7'd71 : test_data <= mem_L[32+:8] ;
        7'd72 : test_data <= mem_L[24+:8] ;
        7'd73 : test_data <= mem_L[16+:8] ;
        7'd74 : test_data <= mem_L[08+:8] ;
        7'd75 : test_data <= mem_L[00+:8] ;
```

```
  7'd76 , 7'd77 ,7'd78 : test_data <= 0 ;
  7'd79 : test_data <= mem_O[32+:8] ;
  7'd80 : test_data <= mem_O[24+:8] ;
  7'd81 : test_data <= mem_O[16+:8] ;
  7'd82 : test_data <= mem_O[08+:8] ;
  7'd83 : test_data <= mem_O[00+:8] ;
  default : test_data <= 0 ;
 endcase
else if ( vcnt == 2 )
 case ( hcnt[6:0] )
  7'd40 ,7'd41 ,7'd42 : test_data <= 0 ;
  7'd43 : test_data <= mem_S[32+:8] ;
  7'd44 : test_data <= mem_S[24+:8] ;
  7'd45 : test_data <= mem_S[16+:8] ;
  7'd46 : test_data <= mem_S[08+:8] ;
  7'd47 : test_data <= mem_S[00+:8] ;
  7'd48 , 7'd49 ,7'd50 : test_data <= 0 ;
  7'd51 : test_data <= mem_T[32+:8] ;
  7'd52 : test_data <= mem_T[24+:8] ;
  7'd53 : test_data <= mem_T[16+:8] ;
  7'd54 : test_data <= mem_T[08+:8] ;
  7'd55 : test_data <= mem_T[00+:8] ;
  7'd56 ,7'd57 ,7'd58 : test_data <= 0 ;
  7'd59 : test_data <= mem_E[32+:8] ;
  7'd60 : test_data <= mem_E[24+:8] ;
  7'd61 : test_data <= mem_E[16+:8] ;
  7'd62 : test_data <= mem_E[08+:8] ;
  7'd63 : test_data <= mem_E[00+:8] ;
  7'd64 ,7'd65 ,7'd66 : test_data <= 0 ;
  7'd67 : test_data <= mem_P[32+:8] ;
  7'd68 : test_data <= mem_P[24+:8] ;
  7'd69 : test_data <= mem_P[16+:8] ;
  7'd70 : test_data <= mem_P[08+:8] ;
  7'd71 : test_data <= mem_P[00+:8] ;
  7'd72 ,7'd73 ,7'd74 : test_data <= 0 ;
  7'd75 : test_data <= mem_E[32+:8] ;
  7'd76 : test_data <= mem_E[24+:8] ;
  7'd77 : test_data <= mem_E[16+:8] ;
  7'd78 : test_data <= mem_E[08+:8] ;
  7'd79 : test_data <= mem_E[00+:8] ;
```

```
    7'd80 ,7'd81 ,7'd82 : test_data <= 0 ;
    7'd83 : test_data <= mem_R[32+:8] ;
    7'd84 : test_data <= mem_R[24+:8] ;
    7'd85 : test_data <= mem_R[16+:8] ;
    7'd86 : test_data <= mem_R[08+:8] ;
    7'd87 : test_data <= mem_R[00+:8] ;
    default : test_data <= 0 ;
  endcase
  else
    test_data <= 0 ;

 assign test_byte = test_data ;

endmodule
```

该模块设计思路简单，由于SSD1306是用一字节更新一个页面的整列，所以用列计数器hcnt的值0到127来表示128列，而用行计数器vcnt的值0到3来表示4个页面。当enable触发更新显示内容时，两个计数器均清零，输出test_byte的值为页面0、列0的内容。之后req_new_byte每有效（从低到高跳变）一次，hcnt的值加1，对应更新下一列的内容。hcnt的值达到127后，下一个req_new_byte有效时，vcnt的值加1，而hcnt清零，表示更新下一页面第1列的内容。

需要注意的是，由于两个字符行显示的字符数并不是相同的，所以为了达到居中显示的效果，vcnt为1时，页面中字符的边界并不是8像素×8像素的像素边界。如图7-15所示，vcnt为2时，字符"S"起始列为40，这是8像素×8像素的字库边界。vcnt为1的字符"H"起始列为44，比下一行向右偏移了4个像素。

图7-15

三、SSD1306驱动控制模块

SSD1306驱动控制模块用于完成对SSD1306的初始化代码配置、更新GRAM内容的控制等功能，详细设计参考代码7-5。

代码7-5：SSD1306驱动控制模块OLED_128x32_driver设计参考代码

```verilog
module OLED_128x32_driver # (
    parameter RESET_SETUP = 256    , // 3.2us @80M
    parameter RESET_WIDTH = 256    , // 3.2us @80M
    parameter RESET_HOLD = 256    , // 3.2us @80M
    parameter BYTE_GAP   = 5      , // time between 2 bytes
    parameter INIT_HOLD  = 9_600_000 , // 120ms @80M
    parameter CNT_SIZE   = 10
) (
    output          OLED_rst_n   ,
    output          OLED_ready   ,
    output          OLED_d_cn    ,
    output          new_byte_req_en ,
    output          txbyte_lock_en ,
    output          tx_op_en    ,
    output [7:0]    tx_op_byte   ,
    input [7:0]     txbyte_in    ,
    input           tx_op_done   ,
    input           frame_en    , // update 1 frame enable
    input [CNT_SIZE-1:0] total_byte_num ,
    input           clk     ,
    input           rstn
    );


localparam CMD_SET_COL_ADDR = 8'h21 ;
localparam COL_START      = 8'h00 ;
localparam COL_END        = 8'h7F ;
localparam CMD_SET_PAGE_ADDR = 8'h22 ;
localparam PAGE_START      = 8'h00 ;
localparam PAGE_END       = 8'h03 ;
// Flow control :
// 1, SSD1306 reset
// 2, SSD1306 initialization
// 3, SSD1306 GRAM update :

// reset signal :
```

```
// 3us High -- 3 us Low -- High Later
// Initialization:
// after reset release, wait 120ms
// then send init code

localparam INIT_BYTE_NUM = 26 ;

reg [31:0] cnt      ;
reg [CNT_SIZE-1:0] byte_cnt  ;
reg [ 7:0] byte_tx   ;
reg    byte_tx_en ;
reg    stg_done  ;
reg    ddic_rst_n ;
reg    cmd_stg   ;
reg    rst_finish ;
reg    init_finish ;
reg    disp_ready ;
reg    byte_req_en ;
reg    bytein_lock_en ;
reg [3:0]  byte_tx_en_dly ;

wire [7:0] init_rom_dout ;

localparam ST_NUM = 4 ;
localparam SSD1306_CTL_IDLE = 'h0 ;
localparam SSD1306_CTL_RST = 'h1 ;
localparam SSD1306_CTL_INIT = 'h2 ;
localparam SSD1306_CTL_RDY = 'h4 ;
localparam SSD1306_CTL_SCAN = 'h8 ;

reg [ST_NUM-1:0] ctrl_st_nxt ;
wire [ST_NUM-1:0] ctrl_st_cur = ctrl_st_nxt ;

always @ ( posedge clk , negedge rstn )
 if (!rstn)
  ctrl_st_nxt <= SSD1306_CTL_IDLE ;
 else
  case ( ctrl_st_cur )
   SSD1306_CTL_IDLE : ctrl_st_nxt <= SSD1306_CTL_RST ;
   SSD1306_CTL_RST : if ( stg_done )
     ctrl_st_nxt <= SSD1306_CTL_INIT ;
```

```
      SSD1306_CTL_INIT : if ( stg_done )
        ctrl_st_nxt <= SSD1306_CTL_RDY ;
      SSD1306_CTL_RDY : if ( frame_en )
        ctrl_st_nxt <= SSD1306_CTL_SCAN ;
      SSD1306_CTL_SCAN : if ( stg_done )
        ctrl_st_nxt <= SSD1306_CTL_RDY ;
      default : ctrl_st_nxt <= SSD1306_CTL_IDLE ;
    endcase

always @ ( posedge clk , negedge rstn )
  if (!rstn)
    begin
      cnt        <= 0 ;
      stg_done   <= 0 ;
      ddic_rst_n <= 0 ;
      rst_finish <= 0 ;
      init_finish <= 0 ;
      byte_cnt   <= 0 ;
      byte_tx    <= 0 ;
      byte_tx_en <= 0 ;
      cmd_stg    <= 1 ;
      disp_ready <= 0 ;
      byte_req_en <= 0 ;
      bytein_lock_en <= 0 ;
    end
  else
    case ( ctrl_st_cur )
      SSD1306_CTL_IDLE :
        begin
          cnt        <= 0 ;
          stg_done   <= 0 ;
          rst_finish <= 0 ;
          ddic_rst_n <= 0 ;
          init_finish <= 0 ;
          byte_cnt   <= 0 ;
          byte_tx    <= 0 ;
          byte_tx_en <= 0 ;
          cmd_stg    <= 1 ;
          disp_ready <= 0 ;
          byte_req_en <= 0 ;
          bytein_lock_en <= 0 ;
```

```
    end

SSD1306_CTL_RST :
 begin
  if (stg_done) cnt <= 0 ;
  else cnt <= cnt + 1 ;
  stg_done    <= cnt == (RESET_SETUP+RESET_WIDTH+RESET_HOLD) ;
  if ( cnt == RESET_SETUP ) ddic_rst_n <= 0 ;
  else if ( cnt == (RESET_SETUP+RESET_WIDTH) ) ddic_rst_n <= 1 ;
  if (stg_done) rst_finish <= 1 ;
  init_finish <= 0 ;
  byte_cnt    <= 0 ;
  byte_tx     <= 0 ;
  byte_tx_en <= 0 ;
  cmd_stg    <= 1 ;
  byte_req_en <= 0 ;
  bytein_lock_en <= 0 ;
 end

SSD1306_CTL_INIT :
 begin
  if (stg_done) cnt <= 0 ;
  else if ( tx_op_done ) cnt <= 0 ;
  else cnt <= cnt + 1 ;
  byte_tx    <= init_rom_dout ;
  byte_tx_en <= cnt == ( BYTE_GAP-1) & (!init_finish) ;
  stg_done    <= init_finish & cnt == (INIT_HOLD-1) ;
  rst_finish <= 1 ;
  if ( tx_op_done & byte_cnt == (INIT_BYTE_NUM-1) )
     init_finish <= 1 ;
  if ( tx_op_done ) byte_cnt <= byte_cnt + 1 ;
  cmd_stg    <= 1 ;
 end

SSD1306_CTL_RDY :
 begin
  cnt      <= 0 ;
  stg_done   <= 0 ;
  byte_cnt   <= 0 ;
  byte_tx    <= 0 ;
  byte_tx_en <= 0 ;
```

```
        cmd_stg   <= 1 ;
        disp_ready <= 1 ;
     end


    SSD1306_CTL_SCAN :
     begin
      if ( tx_op_done ) cnt <= 0 ;
      else cnt <= cnt + 1 ;
      // cmd stage :
      // 21 00 7F // set COL range
      // 22 00 03 // set page range
      if ( cmd_stg & tx_op_done & byte_cnt == 5 ) cmd_stg <= 0 ;
      // go into DATA stage
      if ( cmd_stg & tx_op_done & byte_cnt == 5 ) byte_cnt <= 0 ;
      // clear for data counter
      else if ( tx_op_done ) byte_cnt <= byte_cnt + 1 ;
      if ( cmd_stg )
       case ( byte_cnt[2:0] )
         3'd0 : byte_tx <= CMD_SET_COL_ADDR ;
         3'd1 : byte_tx <= COL_START      ;
         3'd2 : byte_tx <= COL_END      ;
         3'd3 : byte_tx <= CMD_SET_PAGE_ADDR ;
         3'd4 : byte_tx <= PAGE_START     ;
         3'd5 : byte_tx <= PAGE_END     ;
       endcase
      else if ( byte_tx_en ) // lock data in
       byte_tx <= txbyte_in ;

      byte_tx_en <= cnt == 1 & (!stg_done) ;
      bytein_lock_en <= (!cmd_stg) & cnt == 1 & (!stg_done) ;
      byte_req_en <= (!cmd_stg) & tx_op_done
         & ( byte_cnt < total_byte_num ) ;
      stg_done  <= byte_cnt == total_byte_num ;
     end

    default :
     begin
      cnt     <= 0 ;
      stg_done  <= 0 ;
      rst_finish <= 0 ;
      init_finish <= 0 ;
```

```
        byte_cnt    <= 0 ;
        byte_tx     <= 0 ;
        byte_tx_en <= 0 ;
        ddic_rst_n <= 0 ;
        disp_ready <= 0 ;
        bytein_lock_en <= 0 ;
      end
    endcase

  always @ ( posedge clk , negedge rstn )
    if (!rstn)
      byte_tx_en_dly <= 0 ;
    else
      byte_tx_en_dly <= {byte_tx_en_dly[2:0],byte_tx_en} ;

  OLED_init_rom OLED_init_rom (
    /*output wire [7:0] */.rom_dout ( init_rom_dout ) ,
    /*input wire [4:0] */.rom_addr ( byte_cnt[4:0] ) ,
    /*input wire    */.clk   ( clk     ) ,
    /*input wire    */.rstn  ( rstn    )
    );

//// output drivers
  assign OLED_rst_n     = ddic_rst_n ;
  assign OLED_ready     = disp_ready ;
  assign OLED_d_cn      = ~cmd_stg  ;
  assign new_byte_req_en = byte_req_en ;
  assign tx_op_en       = byte_tx_en_dly[3] ;//byte_tx_en ;
  assign tx_op_byte     = byte_tx   ;
  assign txbyte_lock_en = bytein_lock_en ;

endmodule
```

初始化代码保存在ROM（OLED_init_rom模块）中。OLED_init_rom模块的代码参考代码 7-1。

四、ZJY091S模组显示驱动顶层模块设计

代码7-6为ZJY091S模组显示驱动顶层模块参考代码，它集成了"显示BIST"模块dpi_test_pattern_hello_steper、SSD1306驱动控制模块OLED_128x32_driver和

SPI驱动模块 spi_byte_tx_simple。

代码7-6：ZJY091S模组显示驱动顶层模块参考代码

```
module OLED_top # (
    parameter HALF_CYCLE = 10       ,
    parameter RESET_SETUP = 256     ,// 3.2us @80M
    parameter RESET_WIDTH = 256     ,// 3.2us @80M
    parameter RESET_HOLD = 256      ,// 3.2us @80M
    parameter BYTE_GAP   = 5        ,// time between 2 bytes
    parameter INIT_HOLD  = 9_600_000 ,// 120ms @80M
    parameter CNT_SIZE   = 10       // 128*32/8=512)
    ) (
    output wire     ddic_rstn   ,
    output wire     spi_csn     ,
    output wire     spi_clk     ,
    output wire     spi_sdo     ,
    output wire     spi_dcn     ,
    input  wire     spi_sdi     ,
    output wire     OLED_ready  ,
    output wire     req_new_byte ,
    output wire     txbyte_lock_en ,
    input  wire     update_en   ,
    input  wire [7:0] disp_data   ,
    input  wire     bist_mode   ,
    input  wire     clk         ,
    input  wire     rstn
    );

    wire OLED_rst_n  ;
    wire OLED_d_cn  ;
    wire            new_byte_req_en ;
    wire            tx_op_en    ;
    wire [7:0]          tx_op_byte   ;
    wire [7:0]          txbyte_in    ;
    wire            tx_op_done   ;
    wire            frame_en    ; // update 1 frame enable
    wire[CNT_SIZE-1:0] total_byte_num = 128*4 ;
    // gen test pattern
    wire [7:0] test_data ;
    wire    test_pattern_en ;
```

FPGA设计简明教程

```
dpi_test_pattern_hello_steper dpi_test_pattern_hello_steper (
 /*output [ 7:0] */.test_byte   ( test_data    ) ,
 /*output reg */.frame_en   ( test_pattern_en ) ,
 /*input wire */.enable    ( OLED_ready   ) ,
 /*input wire */.req_new_byte ( new_byte_req_en ) ,
 /*input wire */.clk     ( clk      ) ,
 /*input wire */.rstn     ( rstn     )
 ) ;

assign txbyte_in = bist_mode ? test_data    : disp_data ;
assign frame_en = bist_mode ? test_pattern_en : update_en ;
OLED_128x32_driver # (
 .RESET_SETUP ( RESET_SETUP  ) , // 3.2us @80M
 .RESET_WIDTH ( RESET_WIDTH  ) , // 3.2us @80M
 .RESET_HOLD ( RESET_HOLD   ) , // 3.2us @80M
 .BYTE_GAP  ( BYTE_GAP    ) , // time between 2 bytes
 .INIT_HOLD  ( INIT_HOLD   ) , // 120ms @80M
 .CNT_SIZE  ( CNT_SIZE    )
 ) OLED_128x32_driver
 (
 /*output    */.OLED_rst_n  ( OLED_rst_n  ) ,
 /*output    */.OLED_ready  ( OLED_ready  ) ,
 /*output    */.OLED_d_cn   ( OLED_d_cn   ) ,
 /*output    */.new_byte_req_en ( new_byte_req_en ) ,
 /*output    */.txbyte_lock_en ( txbyte_lock_en ) ,
 /*output    */.tx_op_en   ( tx_op_en   ) ,
 /*output [7:0]   */.tx_op_byte   ( tx_op_byte  ) ,
 /*input [7:0]    */.txbyte_in   ( txbyte_in   ) ,
 /*input     */.tx_op_done  ( tx_op_done  ) ,
 /*input     */.frame_en   ( frame_en   ) ,
 /*input [CNT_SIZE-1:0] */.total_byte_num ( total_byte_num ) ,
 /*input     */.clk     ( clk     ) ,
 /*input     */.rstn    ( rstn     )
 ) ;

wire msb_first = 1 ;
wire cs_b ;
wire sclk ;
wire sdo ;
spi_byte_tx_simple # (
 .HALF_CYCLE (HALF_CYCLE )
```

218

```
          ) SPI_TX (
          /*output wire    */.cs_b    ( cs_b    ),
          /*output wire    */.sclk    ( sclk    ),
          /*output wire    */.sdo     ( sdo     ),
          /*output wire    */.tx_done ( tx_op_done ),
          /*input wire     */.tx_en   ( tx_op_en ),
          /*input wire [7:0] */.tx_byte ( tx_op_byte ),
          /*input wire     */.msb_first ( msb_first ),
          /*input wire     */.clk     ( clk     ),
          /*input wire     */.rstn    ( rstn    )
          );

//// output drivers
  assign ddic_rstn    = OLED_rst_n ;
  assign spi_csn      = cs_b  ;
  assign spi_clk      = sclk  ;
  assign spi_sdo      = sdo   ;
  assign spi_dcn      = OLED_d_cn ;
  assign req_new_byte = new_byte_req_en ;
  assign req_new_byte = new_byte_req_en ;

endmodule
```

该模块可以作为FPGA工程的顶层模块。将本章介绍的其他各个模块都加入FPGA设计工程，在Quartus中编译FPGA工程后，可以在小脚丫培训板上看到图7-10所示的显示内容。

7.4 高手进阶

7.3.1小节提到了字库的概念，这是OLED显示模组ZJY091S需要显示的字符内容集合，预先把这些字符内容保存到ROM中。如果一个显示模组在应用中只需要显示特定字符，则这种应用被称为字符屏。字库也只有在字符屏中才有存在价值。如果一个显示模组需要显示的内容是不规则的内容，并且各个像素都有可能随时改变，比如要用ZJY091S显示一个正弦波，并且这个正弦波的相位、频率可能会改变，该如何设计对应的字库呢？

感兴趣的读者可以查阅有关DDS（Direct Digital Synthesis，直接数字合成）的资料，用小脚丫核心板设计一个简易示波器，该示波器可以根据拨码开关、特定按键设置显示三角波、方波、正弦波、PWM信号等，并且显示波形的频率可调，PWM信号的占空比可调。

7.5 小结

本章以集成了SSD1306的OLED显示模组ZJY091S为例，说明了用FPGA驱动一个显示模组的基本操作。为了方便用户使用，显示模组通常都不需使用者直接处理显示面板的相关接口，而只需对其显示驱动芯片进行控制。不同的显示驱动芯片搭载不同的显示面板时，初始化代码会有所不同。当需要更新显示内容时，操作显示驱动芯片的GRAM即可。如果显示驱动芯片内没有GRAM，则需要用户从对应的外部端口输入显示内容。

第8章

ADC和DAC

8.1 ADC和DAC简介

ADC（Analog to Digital Converter，模数转换器）和DAC（Digital to Analog Converter，数模转换器）是模拟世界和数字世界的两扇门：ADC把模拟信号转换为数字信号，而DAC则是把数字信号转换为模拟信号。第2章介绍的PWM可以理解为一种简单的ADC，它是把模拟信号转换为占空比不同的数字脉冲信号。PWM只是一种粗略的转换，在前文使用PWM的过程中，并没有去关注所使用的PWM与原本需要的模拟信号之间的差异，表明这些应用对ADC转换的一些指标（比如分辨率、转换误差）并不敏感。

分辨率是ADC和DAC的一个重要性能指标。ADC的分辨率指的是转换后数字信号的位数。由于只有一根信号线，因此可以认为PWM信号的分辨率为1。小脚丫的MAX10培训板搭载的ADS7868的分辨率是8，即转换后输出的数字信号宽度为8位。

在实现原理上，ADC可以分为并联比较型ADC、双积分型ADC、逐次逼近型（Successive Approximation Register，SAR）ADC等类别。ADS7868是逐次逼近型ADC，其原理是通过多次比较电压的方式，逐步让输出数据更接近输入信号的电压值。

DAC是把数字信号转换为模拟信号，实现DAC的经典电路是图8-1所示的 R-$2R$ 网络，其特点是每一级都只需要增加两个电阻器，一个电阻器的电阻为 $2R$，另一个电阻器的电阻为R。分析其电路特性不难发现，对每一级来说，前面各级电阻器网络都等效为一个2R的电阻器。

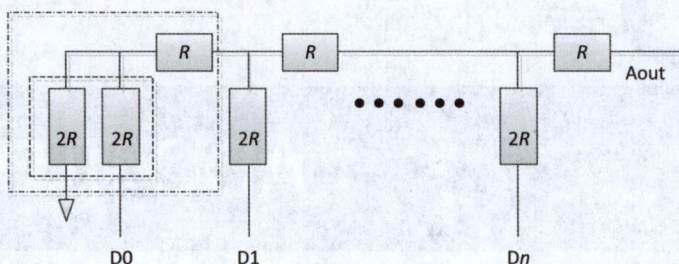

图 8-1

8.2 电压计的设计实现

小脚丫的MAX10培训板上搭载了一个电位计，它连接到ADS7868的输入端，可用于实现一个电压计，如图8-2所示，利用FPGA读取ADS7868的模数转换结果，并用七段数码管显示结果。

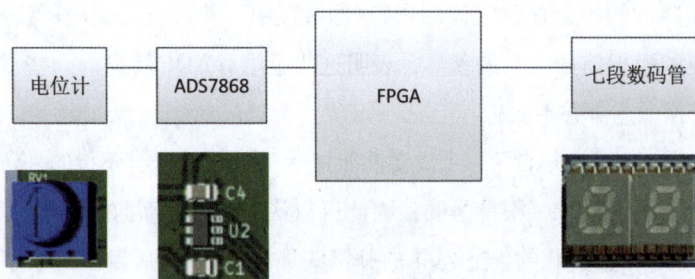

图 8-2

8.2.1 ADS7868数字转换结果读取

ADS7868采用SPI输出模数转换结果，图8-3所示为芯片手册提供的数据输出控制时序，可以看到SPI的前3个时钟周期为冗余位，从第4个时钟周期开始输出有效数据。ADS78系列一共有3个芯片，ADS7866、ADS7867分别为12位、10位

的ADC。这3个芯片的差异体现在输出数据上，即每次SPI操作时所需的有效时钟
周期数不同。

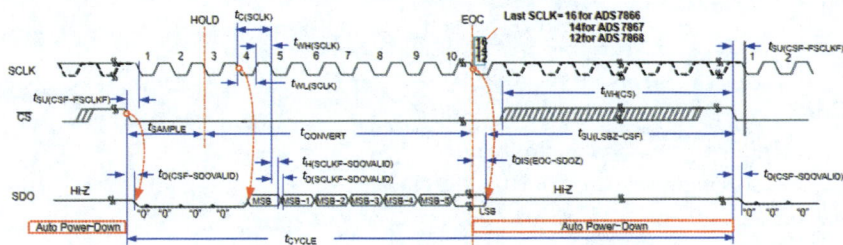

图8-3

把ADS7868数据读取模块设计为一个16位的SPI接收模块，这样该模块可以
同时用于驱动ADS7866、ADS7867、ADS7868这3个芯片。

代码8-1为简化的SPI接收模块参考代码。

代码8-1：简化的SPI接收模块参考代码

```verilog
module spi_byte_rx_simple # (
    parameter HALF_CYCLE   = 2 ,
    parameter TOTAL_BIT_NUM = 16
    ) (
    output wire     cs_b    ,
    output wire     sclk    ,
    output wire     sdo     ,
    input wire      sdi     ,
    output wire     rx_byte_vld ,
    output wire [15:0] rx_byte   ,
    input wire      rx_en   ,
    input wire      clk     ,
    input wire      rstn
    );

////////// Internal Signal
  reg rx_busy ;
  reg spi_ending ;
  reg clk_sig ;
  reg [15:0] cnt ;
  reg [ 7:0] clk_nedge_cnt ;
```

```
reg [15:0] spi_byte_buf ;
reg [15:0] spi_byte ;
reg     spi_byte_en ;

wire clk_edge = cnt == (HALF_CYCLE-1) ;
 wire clk_pedge = clk_edge & (!clk_sig) ;
//wire clk_nedge = clk_edge & spi_clk ;
wire final_clk_pedge = clk_pedge
  & ( clk_nedge_cnt == TOTAL_BIT_NUM ) ;
wire rx_done = clk_edge & spi_ending ;
always @ ( posedge clk , negedge rstn )
  if (!rstn)
   begin
   rx_busy  <= 0 ;
   spi_ending <= 0 ;
   cnt <= 0 ;
   clk_sig <= 1 ;
   clk_nedge_cnt <= 0 ;
   spi_byte_buf <= 0 ;
   spi_byte_en  <= 0 ;
   end
  else
   begin
   if ( rx_done ) rx_busy <= 0 ;
   else if ( rx_en ) rx_busy <= 1 ;
   if ( final_clk_pedge ) spi_ending <= 1 ;
   else if ( rx_done ) spi_ending <= 0 ;
   if ( !rx_busy ) cnt <= 0 ;
   else if ( clk_edge ) cnt <= 0 ;
   else cnt <= cnt +1 ;
   if ( !rx_busy ) clk_sig <= 1 ;
   else if ( spi_ending ) clk_sig <= 1 ;
   else if ( clk_edge ) clk_sig <= !clk_sig ;
   if ( !rx_busy ) clk_nedge_cnt <= 0 ;
   else if ( clk_edge & clk_sig ) clk_nedge_cnt <= clk_nedge_cnt + 1 ;

   if ( clk_pedge ) spi_byte_buf <= {spi_byte_buf[14:0],sdi} ;
   spi_byte_en <= rx_done ;
   if ( rx_done ) spi_byte <= spi_byte_buf ;
   end
```

```
    assign cs_b      = !rx_busy ;
    assign sclk      = clk_sig ;
    assign rx_byte_vld = spi_byte_en ;
    assign rx_byte    = spi_byte ;


endmodule
```

该模块使用了移位寄存器来保存SPI的数据。也可以使用计数器实现一个数据分配器，在计数器为不同值时，把SPI输入数据写入相应的寄存器。比较而言，数据分配器的方式更直观。如图8-4所示，ADS7868输出的数据有效位一共8位，分别为模块输出的rx_byte的第12位到第5位。

图 8-4

该模块使用了TOTAL_BIT_NUM、HALF_CYCLE两个参数。TOTAL_BIT_NUM用于设置SPI接收模块接收的总位数，HALF_CYCLE用于设置输出的SPI时钟信号sclk半个周期占用的clk周期数量。

由于采用同步设计，所有操作都在输入时钟clk的上升沿进行，输出的sclk信号的上升沿、下降沿也只能在输入时钟clk的上升沿，因此用计数器的方式来控制输出的sclk高电平、低电平的clk时钟周期数，将参数命名为HALF_CYCLE。

不难分析出，这种控制方式下，输出的sclk的频率最高只能达到输入clk的一半。

问题思考　如果需要实现sclk与输入时钟clk同频率，该如何设计？

使用代码8-1所示的模块从ADS7868读取输入电压时，还需要注意ADS7868对SPI时钟的要求。根据ADS7868的手册，当芯片的工作电压在2.5V以上时，SPI时钟周期不能大于6.7μs，如图8-5所示。由于芯片的很多特性都是以SPI时钟频率为3.4MHz测试得到的，因此需要从ADS7868读取数据时，使用的SPI时钟频率最好低于3.4MHz。

PARAMETER		TEST CONDITIONS	MIN	TYP	MAX	UNIT
t_{sample}	Sample time			$t_{SU(CSF-FSCLKF)} + 2 \times t_{C(SCLK)}$		μs
$t_{convert}$	Conversion time	ADS7866		$13 \times t_{C(SCLK)}$		μs
		ADS7867		$11 \times t_{C(SCLK)}$		
		ADS7868		$9 \times t_{C(SCLK)}$		
$t_{C(SCLK)}$	Cycle time	$1.2\,V \leq V_{DD} < 1.6\,V$			100	μs
		$1.6\,V \leq V_{DD} < 1.8\,V$			100	
		$1.8\,V \leq V_{DD} < 2.5\,V$			50	
		$2.5\,V \leq V_{DD} \leq 3.6\,V$			6.7	

图 8-5

如果使用小脚丫MAX10核心板上的12MHz晶振作为工作时钟，则可以设置HALF_CYCLE为大于3的值。代码8-2为ADS7868驱动顶层模块参考代码，其中设置了HALF_CYCLE默认值为5。这时如果采用12MHz晶振作为工作时钟，相当于SPI时钟频率为1.2MHz。

代码8-2：ADS7868驱动顶层模块参考代码

```
module ADS7868_top # (
   parameter HALF_CYCLE = 5
   )
   (
   output wire       adc_update ,
   output wire [15:0] ADS7868_data ,
   output wire       cs_b       ,
   output wire       sclk       ,
   output wire       sdo        ,
   input wire        sdi        ,
   input wire        clk        ,
   input wire        rstn
   );

reg rx_en ;
reg [15:0] clk_cnt ; // cout for when to get data from ADC
   // 1ms = 12M/1000 = 12_000
always @ ( posedge clk , negedge rstn )
   if (!rstn)
     clk_cnt <= 0 ;
```

226

```
    else
      clk_cnt <= clk_cnt + 1 ;

  always @ ( posedge clk , negedge rstn )
    if (!rstn)
      rx_en <= 0 ;
    else
      rx_en <= clk_cnt == 'hFFFF ;

  spi_byte_rx_simple # (
    .HALF_CYCLE ( HALF_CYCLE )
    ) spi_if  (
    /*output wire      */.cs_b      ( cs_b      ),
    /*output wire      */.sclk      ( sclk      ),
    /*output wire      */.sdo       ( sdo       ),
    /*input wire       */.sdi       ( sdi       ),
    /*output wire      */.rx_byte_vld ( adc_update ),
    /*output wire [15:0] */.rx_byte   ( ADS7868_data ),
    /*input wire       */.rx_en     ( rx_en     ),
    /*input wire       */.clk       ( clk       ),
    /*input wire       */.rstn      ( rstn      )
    );

endmodule
```

ADS7868驱动模块中设计了一个计数器,用于确定何时从ADS7868读取数据,这仅仅是为了满足电位计的电压显示的需求而简化设计的。针对其他的特定应用,需要重新设计从ADS7868读取数据的时机。也可以把spi_byte_rx_simple模块当作ADS7868驱动的物理层,而从ADS7868读取时机的设计相当于是对驱动的应用层进行设计。

8.2.2 ▶ 七段数码管驱动模块

从ADS7868输出的电压为二进制数,要在七段数码管上显示,需要将其转换为8421BCD码。将二进制数转换成8421BCD码的方法前文已经进行了介绍,本小节先说明ADC7868输出的二进制数据的处理过程。

ADC用量化的方式来表示输入信号的值,满刻度输出表示输入变量的最大值。

227

电位计输入的最大值为3.3V，用8位量化，所以ADS7868输出的二进制数的最低有效位的权值为3.3V/256，约为0.01289V。

需要用数码管显示的内容，为实际电压值乘以10的结果（adc_voltage_x10），所以当ADS7868输出值为X时，需要进行转换的二进制数据值为：

$X \times 33/256$。

除以256可以通过右移8位实现，而乘以33则可以转换为乘32后再加X的方式，参考代码8-3。由于该温度处理结果只用于数码管显示，所以把这部分处理放在七段数码管驱动模块中，并且把该模块命名为seg7_bincode_sel。

代码8-3：ADS7868温度值处理参考代码

```verilog
module seg7_bincode_sel  (
    output wire [ 6:0] bin_code    ,
    input wire [15:0] adc_data    ,
    input wire      clk      ,
    input wire      rstn
    );


  // temperature deal
  reg [ 7:0] bin_data ;
  wire [7:0] adc_data_eff = adc_data[12:5] ;
      // voltage value : 3.3/256 = 0.01289
      // X × 33/256 = ( X × 32 + X ) 右移8位
  reg [13:0] adc_value_x33 ;
  wire [5:0] voltage_x10 = adc_value_x33[13:8] ;
  always @ ( posedge clk , negedge rstn )
    if (!rstn)
      adc_value_x33 <= 0 ;
    else
      adc_value_x33 <= {1'b0,adc_data_eff[7:0],5'd0} +
                       {1'b0,5'd0,adc_data_eff[7:0]} ;

  always @ ( posedge clk , negedge rstn )
    if (!rstn)
      bin_data <= 0 ;
    else
      bin_data <= {1'b0,voltage_x10[5:0]} ;

  /// output Drivers
```

228

```
    assign bin_code[6:0] = bin_data;

endmodule
```

要点提示 如果两个数都不是2的整数次幂，在FPGA中实现这两个数的乘法和除法运算都是比较耗费资源的操作。

对于七段数码管的其他处理部分，读者可以参考前文。

8.2.3 电压计顶层模块设计

电压计顶层模块设计集成ADS7868_top模块和七段数码管驱动模块，可以参考代码8-4。

代码8-4：电压计顶层模块设计参考代码

```
module step_lesson (
    output wire [ 8:0]  SEG_DIG1   ,
    output wire [ 8:0]  SEG_DIG2   ,
    inout wire [35:0]  GPIO   ,
    input wire      clkin
    );
    wire rstn = 1 ;
    wire    adc_update ;
    wire [15:0] ADS7868_data ;//= 16'h1234 ;
    wire    ADS7868_cs_b ;
    wire    ADS7868_sclk ;
    wire    ADS7868_sdo ;
    wire    ADS7868_sdi ;

//// SEG7-LED Driver
    seg7_disp_top seg7_disp_top (
    /*output wire [ 8:0] */.SEG_DIG1   ( SEG_DIG1   ),
    /*output wire [ 8:0] */.SEG_DIG2   ( SEG_DIG2   ),
    /*input wire [15:0] */.adc_data   ( ADS7868_data ),
    /*input wire    */.clk    ( clkin    ),
    /*input wire    */.rstn    ( rstn    )
```

```
    );

// read ADS7868 data
  ADS7868_top ADS7868_top (
  /*output wire      */.adc_update  ( adc_update ),
  /*output wire [15:0] */.ADS7868_data ( ADS7868_data ),
  /*output wire      */.cs_b        ( ADS7868_cs_b ),
  /*output wire      */.sclk        ( ADS7868_sclk ),
  /*output wire      */.sdo         ( ADS7868_sdo ),
  /*input wire       */.sdi         ( ADS7868_sdi ),
  /*input wire       */.clk         ( clkin      ),
  /*input wire       */.rstn        ( rstn       )
  );
/// output Drivers
  // ADS7868 connection
  assign ADS7868_sdi = GPIO[10] ;
  assign GPIO[11]    = ADS7868_sclk ;
  assign GPIO[12]    = ADS7868_cs_b ;

endmodule
```

　　ADS7868是通过MAX10核心板的扩展板实现的，使用的是扩展接口的第10、11、12这3个管脚，分别作为SPI的输入脚、时钟和片选信号。

8.3 高手进阶

　　小脚丫的MAX10培训板上设计了一个10位的DAC功能模块，该DAC功能模块的输出通过J3跳线帽可以作为ADS7868的输入驱动端，如图8-6所示。

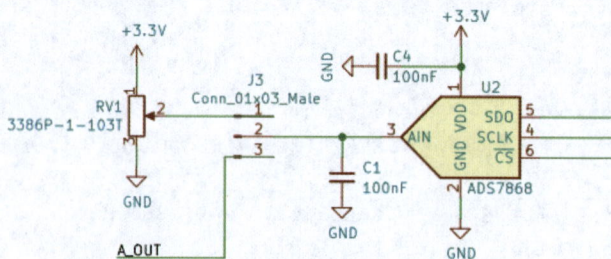

图 8-6

因此，可以从FPGA输出相应的数字信号，通过DAC处理后驱动ADS7868，用FPGA从ADS7868读取ADC转换结果，然后把这个读到的值用七段数码管显示（或者用OLED模组显示）。

这可以作为一次完整的FPGA开发流程实践，交给感兴趣的读者来完成。从系统规格定义开始，完成子系统划分、子系统方案设计、子模块划分和详细设计、功能仿真，最后在小脚丫的MAX10核心板上进行板级调试、系统调试。

8.4 小结

本章用一个电压计的设计过程说明了ADC、DAC的基本概念。本章所涉及的主要内容均在前文进行了相应说明，所以绝大部分的操作交给读者去完成。